Informazioni legali

L'impronta completa del libro si trova nelle ultime pagine!

Questo lavoro è protetto da copyright

Indice dei contenuti

Indice dei contenuti 2

1 Introduzione 5

2 Fondamenti di elettrotecnica e fotovoltaico 8

2.1 Concetti di base dell'ingegneria elettrica 8

2.1.1 La carica elettrica 8

2.1.2 La tensione elettrica 9

2.1.3 La corrente 10

2.1.4 La potenza elettrica 10

2.1.5 La corrente continua (DC): 11

2.1.6 La corrente alternata (AC): 11

2.1.7 Misura della tensione e della corrente con un multimetro 12

2.1.8 Collegamento in serie e in parallelo 14

2.2 Fondamenti dei semiconduttori 16

2.3 Le basi del fotovoltaico 21

2.4 Struttura di un sistema fotovoltaico, di un modulo fotovoltaico e di una cella fotovoltaica 22

3 Breve storia dello sviluppo del fotovoltaico 30

3.1 I diversi tipi di moduli fotovoltaici 30

3.1.1 Moduli fotovoltaici monocristallini 32

3.1.2 Moduli fotovoltaici policristallini 33

3.1.3 Moduli solari a film sottile 34

3.2 Cifre chiave importanti in relazione ai moduli fotovoltaici 35

4 Impianti fotovoltaici e loro componenti 40

4.1 Sistemi on-grid e sistemi off-grid 40

4.1.1 Accumulo di energia elettrica con accoppiamento in corrente continua 44

4.1.2 Sistema di accumulo di energia elettrica con accoppiamento in corrente alternata ..45

4.2 I componenti di un impianto fotovoltaico in dettaglio...46

4.2.1 Moduli fotovoltaici e cavi solari (1) 46

4.2.2 Scatola di giunzione del modulo con protezione da sovratensione DC (2) 48

4.2.3 Inverter DC-AC (3) 49

4.2.4 Contatore di elettricità solare (4) 50

4.2.5 Protezione da sovratensione CA (5) 50

4.2.6 Distribuzione principale (cabina elettrica) con contatore elettrico (6) 51

4.2.7 Allacciamento della casa alla rete elettrica pubblica (7) 52

4.2.8 Equalizzazione del potenziale (messa a terra) (8) 52

4.2.9 Consumatori (9)...53

4.2.10 Accumulo di energia (opzionale) (10)...53

4.2.11 Regolatore di carica (solo per l'accumulo di elettricità) (11).................................54

4.2.12 Inverter/raddrizzatore o convertitore di tensione per l'accumulo di batterie (convertitore AC-DC o DC-DC) (12)...55

4.3 Montaggio dell'unità 57

4.3.1 Montaggio sul tetto a sella 59

4.3.2 Montaggio su tetto piano..61

4.4 Accettazione e messa in servizio 62

4.5 Forma speciale: mini impianti fotovoltaici o centrali elettriche da balcone 63

5 Esempio pratico: Sistema a isola per casa mobile o Tiny House 65

5.1 Pianificazione, selezione dei componenti e connessione dell'impianto fotovoltaico autonomo 65

5.1.1 Fase 1: stima del consumo di elettricità 65

5.1.2 Passo 2: pianificare la tensione del sistema 66

5.1.3 Fase 3: Calcolare le dimensioni della batteria di accumulo........................67

5.1.4 Fase 4: Determinare le dimensioni e il numero di moduli fotovoltaici 71

5.1.5 Fase 5: Regolatore di carica..79

5.1.6 Passo 6: Inverter...82

5.1.7 Passo 7: Collegamento o impostazione del sistema...................................84

6 Pianifica un impianto fotovoltaico per la tua casa 88

6.1 Fase 1: Verifica del sito di installazione o della superficie del tetto..............88

6.2 Fase 2: Verifica dell'irraggiamento 89

6.3 Fase 3: Verifica del consumo di corrente o del carico da collegare 94

6.4 Fase 4: Pianificazione dettagliata 95

Parole di chiusura **115**

Impronta dell'autore/editore..**119**

1 Introduzione

L'energia fotovoltaica può essere intesa come il processo di conversione della luce solare in elettricità utilizzabile. Questo tipo di generazione di elettricità, insieme ad altre energie rinnovabili come l'energia eolica e l'energia idroelettrica, ha registrato una forte crescita negli ultimi anni grazie alla sua tecnologia ecologica. La generazione di energia dalla luce solare tramite celle fotovoltaiche può essere sia off-grid che grid-connected. Scopriremo più avanti il significato di questi due termini. Le celle fotovoltaiche sono spesso chiamate colloquialmente "celle solari" e un sistema fotovoltaico è spesso chiamato "sistema solare". Tuttavia, questo termine ombrello viene utilizzato anche per le celle solari utilizzate per riscaldare l'acqua (solare termico). Tuttavia, esiste una chiara e significativa differenza tra questi due sistemi (fotovoltaico e solare termico), sia in termini di costruzione che di funzionamento. In effetti, si tratta di sistemi completamente diversi (a meno che tu non utilizzi un impianto fotovoltaico in combinazione con una barra di riscaldamento per riscaldare l'acqua). L'unica cosa che hanno in comune è che entrambi i sistemi utilizzano l'energia radiante del sole. Il fotovoltaico utilizza questa energia per generare elettricità e il solare termico per riscaldare l'acqua.

Gli impianti fotovoltaici (PV = photovoltaics) sono diffusi in tutto il mondo, sia su scala molto piccola, ad esempio come centrale elettrica da balcone con un solo modulo fotovoltaico da collegare alla propria presa di corrente, sia su scala commerciale, ad esempio come fattoria solare di diversi ettari. Con i sistemi fotovoltaici, l'efficienza della produzione di elettricità dipende da un lato dalle condizioni atmosferiche (radiazione solare) e dall'altro dalla progettazione del sistema. Per ottenere il massimo rendimento energetico, è sempre necessario effettuare un'analisi delle prestazioni.

L'indice di rendimento è uno dei fattori di qualità più importanti per valutare le prestazioni di un sistema fotovoltaico. Questo cosiddetto indice di rendimento ("Performance Ratio") è sostanzialmente il rapporto tra il rendimento possibile (target) della potenza installata di un impianto fotovoltaico e il rendimento effettivo (reale). Ma di questo parleremo più avanti.

I moduli di un impianto fotovoltaico sono solitamente fissi (con una certa angolazione). Nel frattempo, però, esistono anche nuove tecnologie che permettono all'impianto fotovoltaico di seguire l'andamento del sole in modo da essere sempre allineato in modo efficiente. I sistemi fissi sono solitamente installati con un'angolazione che consente la massima produzione di energia elettrica. L'angolo di inclinazione dei moduli solari dipende dalla posizione dell'impianto fotovoltaico. Ad esempio, se l'impianto fotovoltaico si trova nell'emisfero meridionale (cioè a sud dell'equatore: ad esempio Sudafrica, Australia, Argentina), può essere adatto un orientamento verso nord. Questo perché nell'emisfero meridionale - a sud del tropico più meridionale - il sole si trova a nord durante il giorno (a mezzogiorno) invece che a sud, come in Europa o negli Stati Uniti. L'Europa, il Canada, gli Stati Uniti e il Messico si trovano nell'emisfero settentrionale, quindi un impianto fotovoltaico esposto a sud è adatto anche qui (di solito).

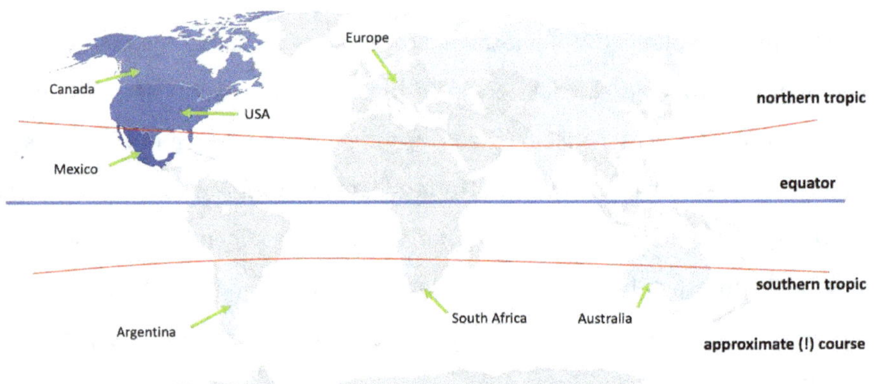

Negli impianti fotovoltaici con inseguimento (allineamento flessibile), viene utilizzato un algoritmo speciale per spostare i moduli fotovoltaici lungo il percorso del sole. In questo caso, i moduli fotovoltaici sono normalmente allineati a est al mattino (alba) e si spostano da est a ovest (corso del sole). In questo modo, i moduli fotovoltaici sono orientati in modo ottimale verso il sole per tutto il giorno. Questo contribuisce ad aumentare la produzione di energia elettrica. Inoltre, le nuove tecnologie vengono utilizzate anche nei moduli stessi per migliorare l'efficienza di un sistema e quindi aumentare la produzione di elettricità. Si possono citare ad esempio i moduli solari bifacciali. La particolarità di questi moduli è che non solo possono essere irradiati dalla luce solare su un lato, ma possono anche generare elettricità su entrambi i lati del modulo. In un certo modo, ad esempio, i raggi del sole che passano davanti alla cella sul terreno possono essere riflessi sul retro dei pannelli fotovoltaici e quindi utilizzati per generare elettricità.

Dall'inizio del XIX secolo, la maggior parte dell'energia mondiale è stata generata utilizzando combustibili fossili ed energia nucleare. A causa della diminuzione delle risorse di combustibili fossili e dei loro effetti nocivi sull'ambiente, è di enorme importanza dare una svolta energetica con l'aiuto di fonti alternative per la produzione di energia. Poiché la domanda di energia continua a crescere in un mercato energetico difficile, l'energia solare è considerata uno dei modi più importanti per generare elettricità sostenibile. Per ogni nazione e anche per ogni famiglia, una fonte di energia pulita ed economica per la produzione (beni di consumo) e l'approvvigionamento (cucina elettrica, frigorifero, ...) è indispensabile. Questo libro vuole aiutarci come individui a non aspettare la svolta energetica politica, ma a darle forma attivamente soddisfacendo il nostro fabbisogno energetico con l'aiuto del sole. Di seguito, inizieremo con le nozioni elettrotecniche di base più importanti per il tema del fotovoltaico. In seguito, daremo uno sguardo ai diversi tipi di moduli fotovoltaici, all'installazione dei moduli fotovoltaici, alla costruzione di un impianto fotovoltaico on-grid o off-grid, con o senza batteria di accumulo, a tutti i componenti necessari e alla composizione concreta dei componenti per la progettazione del tuo impianto solare. Due esempi pratici completano il contenuto del libro negli ultimi capitoli.

2 Fondamenti di elettrotecnica e fotovoltaico

2.1 Concetti di base dell'ingegneria elettrica

In questo capitolo parleremo di alcuni termini elettrotecnici di base che sono importanti per capire come funzionano gli impianti fotovoltaici e come vengono calcolati. Tieni presente che questa può essere solo una breve introduzione all'ingegneria elettrica. Se non hai ancora delle conoscenze in questo campo, dovresti consultare prima un libro di riferimento di elettrotecnica.

L'ingegneria elettrica si basa in gran parte su due grandezze fisiche fondamentali già trattate a scuola: la carica e l'energia (lavoro). Andre Ampere fu il primo a scoprire queste proprietà dell'elettricità, che vengono utilizzate sotto forma di corrente e tensione per l'analisi dei circuiti elettrici ed elettronici.

2.1.1 La carica elettrica

La carica elettrica, misurata in coulomb (C) e descritta con la lettera **Q** (o q), è una grandezza fisica che ha la proprietà di subire una forza quando viene posta in un campo elettromagnetico. Cosa significa e cos'è un campo elettromagnetico? Un campo elettromagnetico è composto da un campo elettrico e da un campo magnetico, che sono accoppiati tra loro. È una sorta di stato dello spazio o un'area in cui sono presenti cariche accelerate. Gli esseri umani non possono percepire i campi elettromagnetici in modo differenziato con i loro organi di senso, ad eccezione della gamma visibile, che tutti percepiscono come luce. Oggi è difficile immaginare una vita senza campi elettromagnetici: ad esempio, ogni microonde funziona con le omonime microonde e anche ogni telefono cellulare funziona con le microonde. Anche l'inverter di un impianto fotovoltaico genera un campo elettromagnetico.

Esistono due tipi di cariche: positive (+) e negative (-). Cariche uguali si respingono, cariche disuguali si attraggono. Nella vita di tutti i giorni entriamo in contatto con le cariche più spesso di quanto pensiamo. Chi non conosce lo scricchiolio e i capelli scompigliati quando si toglie il maglione di lana della nonna? Oppure la piccola scossa elettrica quando si tocca la maniglia di una porta o una parte metallica se la combinazione tra la suola della scarpa e il rivestimento del pavimento (ad esempio la suola in gomma e la moquette) è sfavorevole. L'origine di queste esperienze quotidiane sono le cariche. Ogni oggetto ha cariche positive e negative che normalmente sono in equilibrio. Tuttavia, i processi di attrito quando ci si veste o si cammina spostano questo equilibrio di cariche, creando una tensione elettrica. Se i capelli si caricano quando si indossa il maglione di lana, si incastrano ovunque (attrazione) o sembrano galleggiare perché si respingono. Questo accade a causa della carica uguale o opposta (due cariche uguali si respingono, due cariche diverse si attraggono).

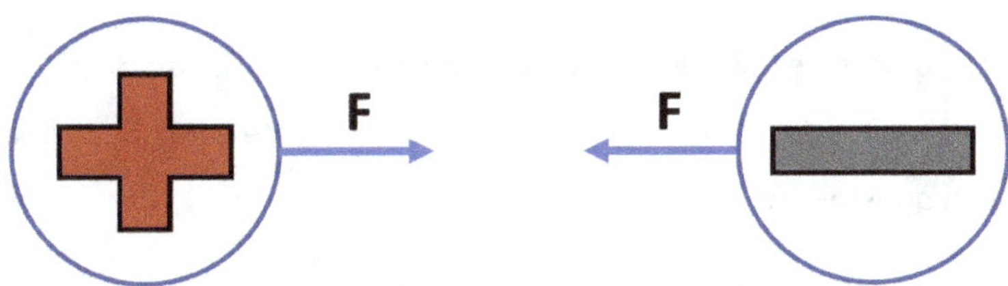

2.1.2 La tensione elettrica

La tensione è un'altra grandezza fondamentale nell'ingegneria elettrica. La **tensione U** (unità: volt) può essere intesa come la variazione di energia (o lavoro W) di una carica in movimento. Quindi, se una carica di 1 coulomb subisce una variazione di energia di 1 joule, significa che c'è una variazione di energia di 1 volt. Chiamiamo questa **differenza di potenziale** (tra due punti nel campo elettrico). La tensione è descritta matematicamente come:

$$U(t) = \frac{dW}{dQ} = \frac{J}{C} = Volt$$

2.1.3 La corrente

La corrente elettrica è definita come cariche in movimento, o espressa in modo diverso come: Flusso di elettroni per unità di tempo. La corrente elettrica è indicata con la lettera I e la sua unità di misura con la lettera A per ampere. La corrente è descritta matematicamente come:

$$I(t) = \frac{dQ(t)}{dt} = \frac{C}{s} = \text{Ampere}$$

Il flusso di corrente dipende generalmente dal tipo di materiale conduttore. Nei conduttori, il flusso è dovuto al flusso di elettroni, mentre il flusso di elettroni nei semiconduttori è dovuto all'interazione di buche ed elettroni. Ma ci arriveremo tra un attimo!

La corrente può essere considerata semplicemente come il flusso di cariche in un conduttore elettrico. La tensione, invece, è semplicemente l'energia di una carica che scorre in questo conduttore.

2.1.4 La potenza elettrica

Oltre ai due parametri fondamentali di tensione e corrente, dobbiamo fare i conti anche con il concetto di **potenza**. Ad esempio, avrai notato che elettrodomestici come lampadine, alimentatori per computer, microonde o condizionatori d'aria, ad esempio, riportano l'indicazione 100 W o 250 W. La lettera W sta per watt, l'unità di misura della potenza. La lettera W sta per watt, l'unità di misura della potenza. La **potenza P** è definita come lavoro per unità di tempo. La potenza indica la quantità di energia che un componente fornisce o consuma. La potenza può essere descritta matematicamente come:

$$P = \frac{dW}{dt} = \frac{dQ}{dt} \cdot \frac{dW}{dQ} = U \cdot I$$

Nella vita quotidiana e nel campo del fotovoltaico, ti capiterà spesso di imbatterti nell'unità di misura **kWh.** Un **kWh** è semplicemente l'abbreviazione di 1000 watt moltiplicati per un'ora. 1 kWh è quindi l'energia che un dispositivo con una potenza di 1000 watt assorbe o emette in un'ora. Per dirla in modo ancora più semplice: Se una lampadina da 20 W funziona ininterrottamente per 50 ore, consuma 1 kWh (20 x 50 = 1000). Per questa lampadina, 20 W significa il consumo di 20 J in 1 secondo e 1 kWh significa il consumo di 20 W di energia per 50 ore.

2.1.5 La corrente continua (DC):

Con la **corrente continua** (**DC** = "direct current"), la direzione del flusso degli elettroni (o la polarità) rimane invariata nel tempo. Al giorno d'oggi, la corrente continua è per lo più limitata alle applicazioni a bassa tensione. Anche il motivo per cui la corrente continua è inefficiente per la trasmissione dell'elettricità (ad esempio il palo della luce) è un argomento interessante, ma non lo approfondiremo in questa sede. Le batterie e i moduli fotovoltaici forniscono corrente continua. La corrente alternata, invece, proviene da una normale presa di corrente domestica. Vedremo come avviene il passaggio dalla corrente continua alla corrente alternata quando daremo uno sguardo più approfondito alla tecnologia fotovoltaica.

2.1.6 La corrente alternata (AC):

La corrente alternata (**AC** = "alternating current") varia in modo sinusoidale con il tempo. La figura seguente mostra un'onda sinusoidale. Questi tipi di onde hanno un **periodo** e una cosiddetta **fase**. In parole povere, il periodo è il tempo dopo il quale il modello di un'onda si ripete. Una semplice funzione seno f(x)=sin(x) ha un periodo di 2π. Il termine fase descrive lo spostamento di un'onda. Ad esempio, l'onda rossa nella figura seguente è spostata di $\pi/2$ verso destra sull'asse delle ascisse, quindi la sua fase è $\pi/2$. Nella formula della funzione, questo è espresso dal termine $-\pi/2$. La **frequenza** di un'onda sinusoidale è il reciproco del suo periodo. La frequenza viene misurata in Hertz, dal nome del fisico tedesco Heinrich Hertz. 1 Hz corrisponde a un'oscillazione al secondo, ovvero 1/s.

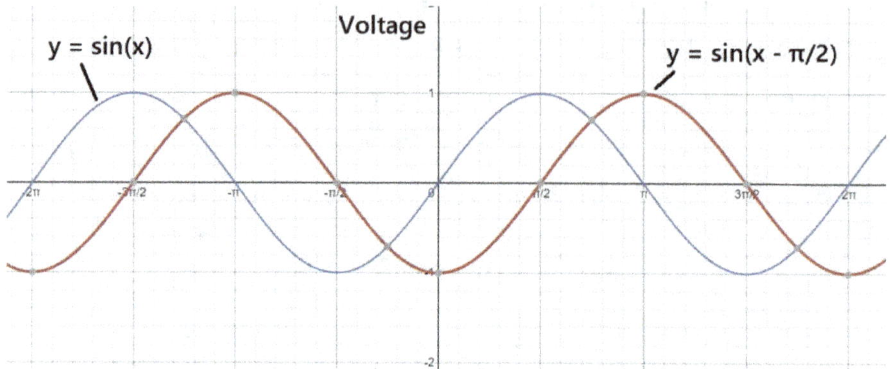

La frequenza dell'elettricità domestica è di 50 Hz o 60 Hz e varia a seconda della regione. 50 Hz significa che un ciclo può ripetersi 50 volte in un secondo. 50 Hz significa anche che l'onda AC attraversa la tensione di sequenza zero (asse x nel sistema di coordinate) 50 volte in un secondo, perché la direzione della corrente / tensione AC cambia - come già noto. Se si decide di utilizzare la corrente alternata rispetto alla corrente continua, si può facilmente cambiare la tensione e la corrente con l'aiuto di trasformatori con perdite minime.

2.1.7 Misura della tensione e della corrente con un multimetro

Nella pratica dell'elettrotecnica, usiamo spesso i multimetri come strumenti di misura. I multimetri con due connessioni possono misurare tensione, corrente, resistenza, capacità e induttanza. Possono anche misurare la polarità dei transistor ed eseguire un test di continuità con essi. Il test di continuità ci dice se un circuito è in cortocircuito o meno. I multimetri possono misurare solo una variabile alla volta (come la corrente o la tensione). Per misurare più parametri, dobbiamo utilizzare diversi dispositivi individuali. L'illustrazione seguente mostra un semplice multimetro con i diversi intervalli di misurazione. A seconda di ciò che vuoi misurare, ruota il quadrante sul rispettivo intervallo.

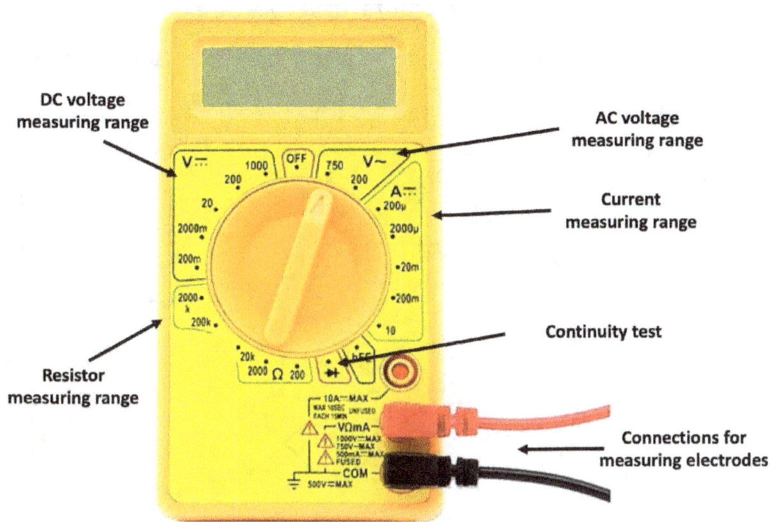

Quando effettui una misurazione, inizia sempre con il valore di tensione o di ampere o di resistenza più alto possibile e poi abbassa l'impostazione del display finché non viene visualizzato un valore adeguato. Ciò significa, ad esempio, che devi impostare il campo di regolazione su 200 volt se stai effettuando una misurazione su una sorgente di tensione continua e sospetti un valore compreso tra 20 e 200 volt.

Se vuoi misurare una tensione, devi collegare gli elettrodi di misura in parallelo alla sorgente di tensione o al componente che vuoi misurare. Nel caso di una lampadina, ad esempio, funziona così:

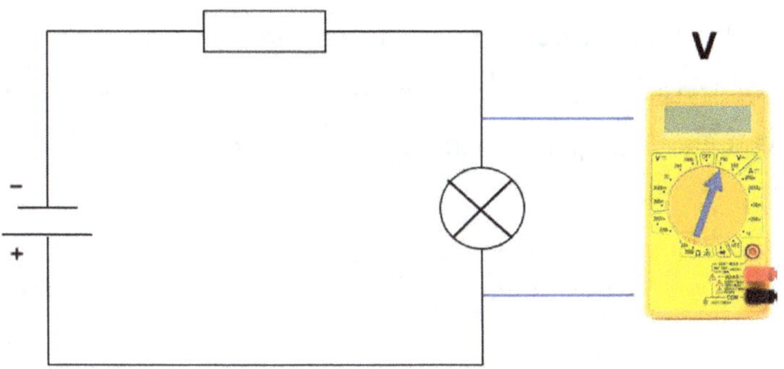

Se vuoi misurare l'amperaggio di un'utenza, devi collegare lo strumento di misura (multimetro) in serie all'utenza, cioè scollegare la linea. Il funzionamento sarebbe quindi il seguente:

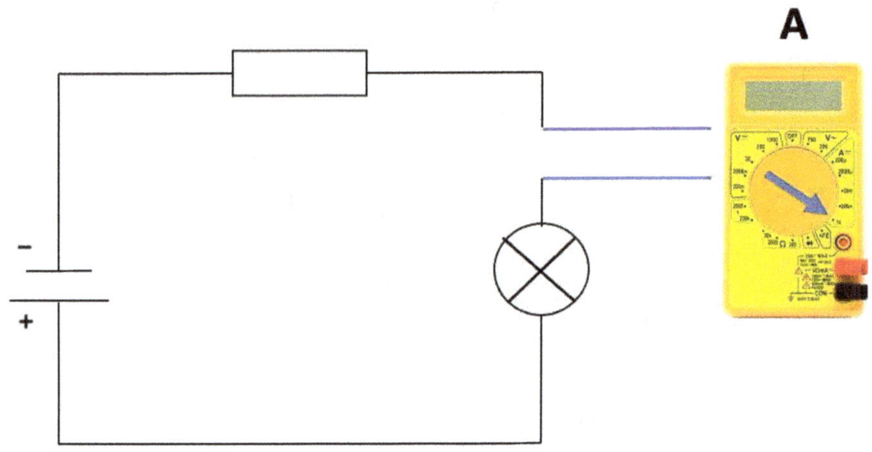

2.1.8 Collegamento in serie e in parallelo

In pratica, puoi collegare i componenti elettrici in serie (in modo seriale) o in parallelo tra loro o creare un mix di connessioni in serie e in parallelo. Di seguito, immaginiamo diverse batterie da collegare in parallelo o in serie e vediamo cosa succede ai due parametri tensione e corrente.

Collegamento in serie delle batterie:

Se le batterie sono collegate in serie (collega un polo "-" e uno "+" di ciascuna delle due batterie), la tensione del circuito aumenta, ma la corrente rimane la stessa. La tensione totale risultante si ottiene sommando le singole tensioni. Ciò significa che in questo esempio con quattro batterie da 12V 110Ah: U_{res} = 12V + 12V + 12V = 48V.

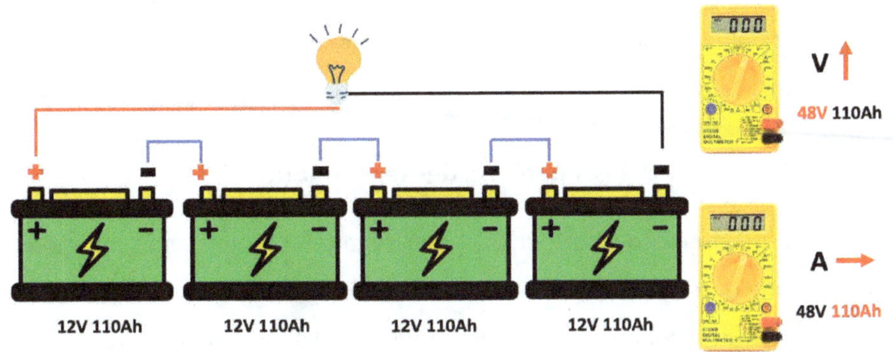

<u>Collegamento in parallelo delle batterie:</u>

Se le batterie vengono collegate in parallelo (collegando tutti i poli "+" o tutti i poli "-" tra loro), l'intensità di corrente del circuito aumenta, ma la tensione rimane la stessa, quindi l'effetto è esattamente l'opposto del collegamento in serie. L'amperaggio totale risultante si ottiene sommando i singoli amperaggi. Ciò significa che in questo esempio con quattro batterie da 12V 110Ah: I_{res} = 110Ah + 110Ah + 110Ah + 110Ah = 440Ah.

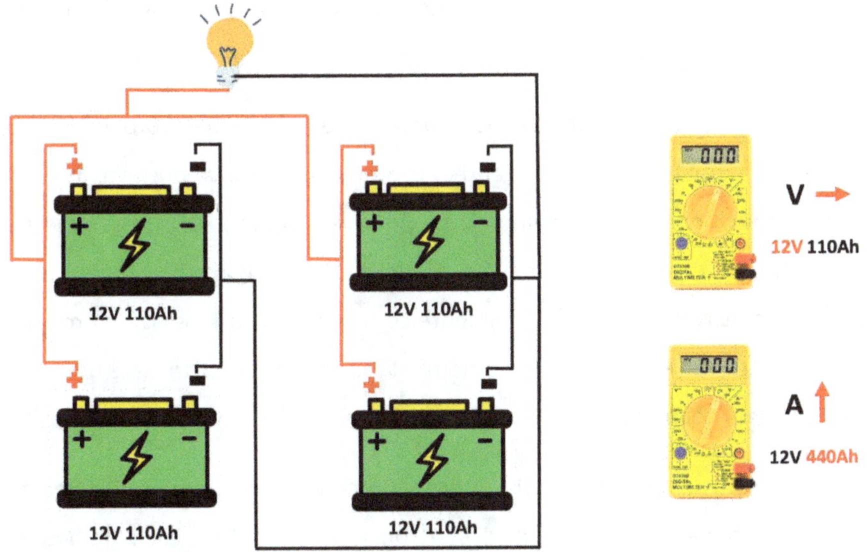

Tra l'altro, questo non vale solo per le batterie, ma anche per il cablaggio dei moduli fotovoltaici, ad esempio. Tuttavia, analizzeremo questo aspetto in dettaglio in un capitolo successivo.

2.2 Fondamenti dei semiconduttori

Quando si parla di fotovoltaico, non si può evitare il termine semiconduttore. Il motivo è che lo strato di una cella solare che è fondamentale per la produzione di elettricità (strato fotoattivo) è costituito da un materiale semiconduttore. In questa sezione daremo uno sguardo semplificato e breve alle basi dei semiconduttori.

Per capire le basi dei semiconduttori, diamo prima un'occhiata alla struttura di un atomo, il più piccolo elemento costitutivo di una sostanza.

Nel corso del tempo, ci sono stati diversi modelli atomici (ad esempio il modello delle particelle sferiche, il modello atomico di Rutherford, il modello atomico di Bohr...). Un modello atomico serve come rappresentazione visiva dell'aspetto di un atomo. Nella meccanica quantistica moderna, oggi si utilizza il cosiddetto modello orbitale, ma è difficile da utilizzare a fini esplicativi. Un modello popolare e ampiamente utilizzato per descrivere la struttura di un atomo è il modello a guscio, che si basa sul modello atomico di Bohr. Questo è sufficiente per i nostri scopi.

Un atomo ha al centro un nucleo carico, composto da neutroni e protoni. I neutroni sono neutri e non hanno carica, mentre i protoni hanno carica positiva. In questo modo, la carica complessiva del nucleo è positiva. L'atomo nel suo complesso è ancora una volta una particella neutra. Affinché ciò avvenga, un atomo ha ancora bisogno di elettroni carichi negativamente come compensazione. Un atomo ha lo stesso numero di elettroni e protoni. Inoltre, la carica dell'elettrone (-) è uguale alla carica opposta del protone (+). Pertanto, le spese si bilanciano verso la neutralità.

La moltitudine di modelli atomici precedentemente menzionata si differenzia principalmente per la posizione degli elettroni e per il modo in cui si muovono. Il modello a guscio afferma che gli elettroni si trovano in gusci intorno al nucleo atomico e si muovono su questi. Quindi gli elettroni non possono muoversi liberamente nello spazio, ma solo su percorsi fissi. Puoi immaginare questa limitazione di movimento come un treno che può correre solo sulle rotaie e deve seguirle. Ogni guscio ha un livello energetico diverso. Gli elettroni che si trovano nel guscio più esterno sono chiamati anche **elettroni di valenza**. Un movimento di questi elettroni di valenza significa un flusso di corrente elettrica.

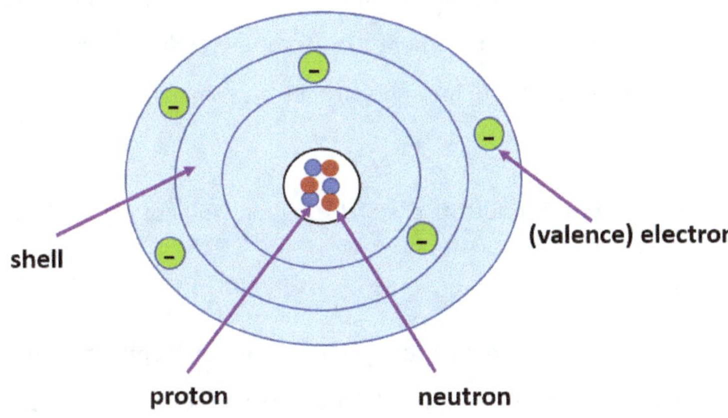

Le seguenti nozioni di base possono essere un po' più dettagliate e potrebbero risultare più difficili da comprendere alla prima lettura e a seconda delle conoscenze pregresse. Tuttavia, è opportuno aver sentito almeno una volta i termini più importanti in relazione ai semiconduttori. Quindi, continua a seguirlo nel miglior modo possibile!

In parole povere, i **semiconduttori** sono materiali la cui conducibilità elettrica è inferiore a quella dei conduttori (ad esempio il metallo) e superiore a quella degli isolanti (ad esempio la plastica). Da qui il nome di semiconduttore (mezzo conduttore). Il silicio (Si) è l'elemento più comunemente utilizzato nella produzione di componenti a semiconduttore. Le proprietà elettriche di un semiconduttore variano a seconda delle condizioni ambientali. Una proprietà decisiva dei semiconduttori è l'aumento della conduttività elettrica quando viene fornita energia (energia solare nelle celle fotovoltaiche). Quando viene irradiata dalla luce solare, vengono rilasciati degli elettroni (che normalmente si trovano in luoghi fissi) e sono disponibili per la conduzione elettrica. Questo crea i cosiddetti buchi. Tra poco daremo un'occhiata più da vicino a questo aspetto. A differenza dei conduttori, anche la conducibilità elettrica dei semiconduttori aumenta con l'aumentare della temperatura (i cosiddetti conduttori caldi). Per aumentare enormemente la conduttività dei semiconduttori (fattore 1.000.000), dobbiamo aggiungere impurità (un altro elemento o atomi estranei). Questo processo di impurità, ovvero l'aggiunta di atomi estranei ai semiconduttori, è chiamato **drogaggio (doping).**

Esistono due tipi di semiconduttori, che si distinguono in base al tipo di drogaggio.

<u>p doping:</u>

Quando un materiale semiconduttore come il silicio viene combinato con un altro elemento del terzo gruppo principale della tavola periodica (ad esempio boro o indio), si crea un cosiddetto **buco elettronico**. Semplificando, si può immaginare che in questo sito di buche manchi un elettrone e che al suo posto siano presenti le proprietà di un portatore di carica mobile positivo (ma solo virtualmente, a differenza degli elettroni). Come funziona?

L'elemento silicio ha quattro elettroni (**elettroni di valenza**) nel suo guscio più esterno. Diversi atomi di silicio formano una struttura cristallina a forma di reticolo con quattro elettroni di valenza ciascuno (quindi un totale di otto elettroni ciascuno).

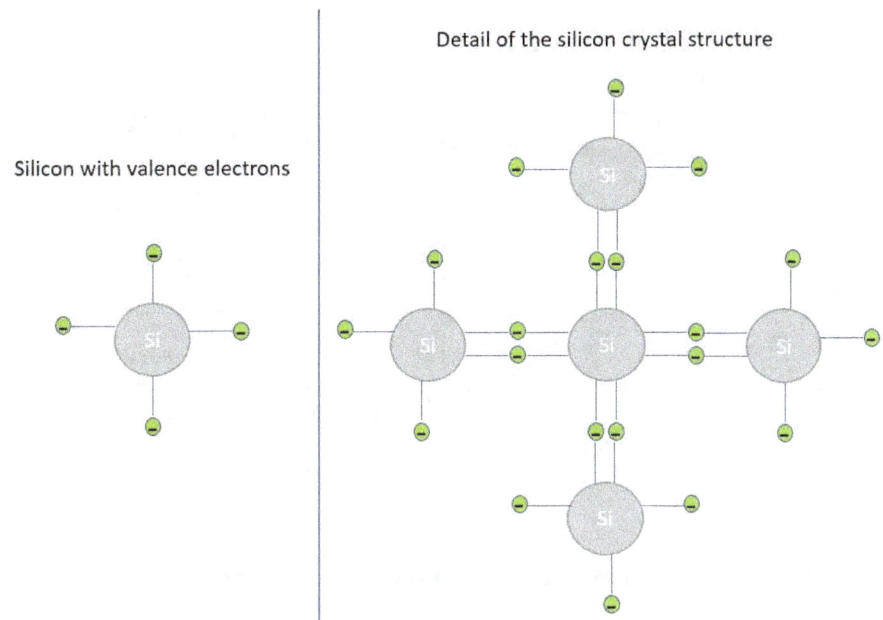

Il boro, invece, ha solo tre elettroni (elettroni di valenza) nel suo guscio più esterno. Se, ad esempio, il silicio viene drogato con il boro, tre elettroni del boro occupano tre posizioni di elettroni liberi nel guscio più esterno del silicio, ma in realtà sono necessari quattro elettroni, cioè una posizione rimane non occupata. Questa posizione vacante è la buca dell'elettrone già menzionata. È molto probabile che gli elettroni dell'ambiente circostante abbiano appena riempito questo spazio vuoto (**ricombinazione**). Questo crea un buco di elettroni in un altro punto. Il boro, tra l'altro, è chiamato **accettore** perché accetta un elettrone. <u>Nota:</u> in una **drogatura p,** gli elettroni positivi predominano sotto forma di portatori di carica.

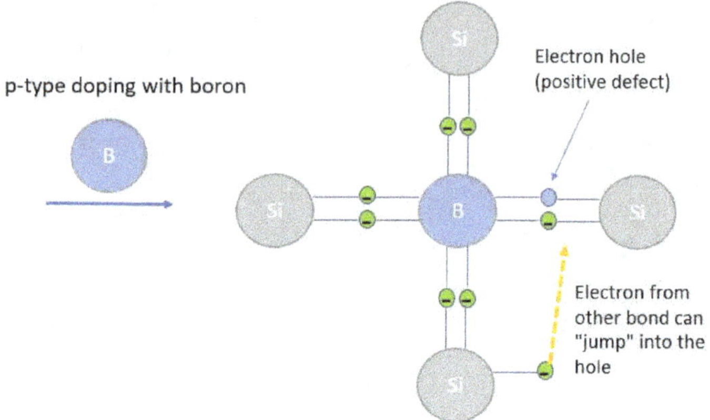

n doping:

Tuttavia, quando il silicio viene combinato con un elemento del quinto gruppo principale della tavola periodica, che ha cinque elettroni nel suo guscio più esterno (ad esempio il fosforo), si ottiene un semiconduttore di tipo n. Nei semiconduttori di tipo n, un elettrone rimane dall'elemento di impurità (ad esempio il fosforo). Quattro degli elettroni del fosforo occupano posti liberi nel guscio più esterno del silicio, ma un elettrone rimane libero di muoversi. Il fosforo, tra l'altro, è chiamato **donatore** perché fornisce un elettrone. <u>Nota:</u> in caso di **drogaggio n,** gli elettroni negativi predominano sotto forma di portatori di carica.

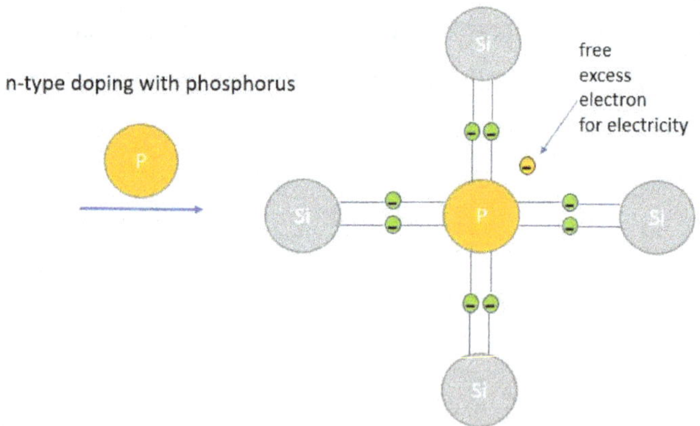

2.3 Le basi del fotovoltaico

Cos'è il fotovoltaico e come viene generata l'elettricità in un impianto fotovoltaico? In questo capitolo vorremmo approfondire la questione. Il termine fotovoltaico è composto dal termine "photos" (greco) che significa luce e dal termine "voltaic". Il termine "voltaic" sta per Alessandro Volta (fisico italiano), che ha dato il suo nome all'unità di misura della tensione (V), e per l'unità stessa.

Il principio di base del fotovoltaico è l'effetto fotoelettrico. Albert Einstein riprese questo effetto nel 1905 e lo interpretò e spiegò con il concetto di quanti di energia. Semplificando, questo effetto può essere spiegato in relazione a un sistema fotovoltaico come segue: La nostra luce solare è costituita da fotoni che, quando colpiscono una cella solare, rilasciano elettroni dalla sua superficie semiconduttrice e quindi, attraverso il flusso di elettroni, generano elettricità. Quando un fotone colpisce un elettrone, l'elettrone si sposta e lascia un buco (electron hole). Come sappiamo, questo flusso di elettroni equivale a un flusso di corrente.

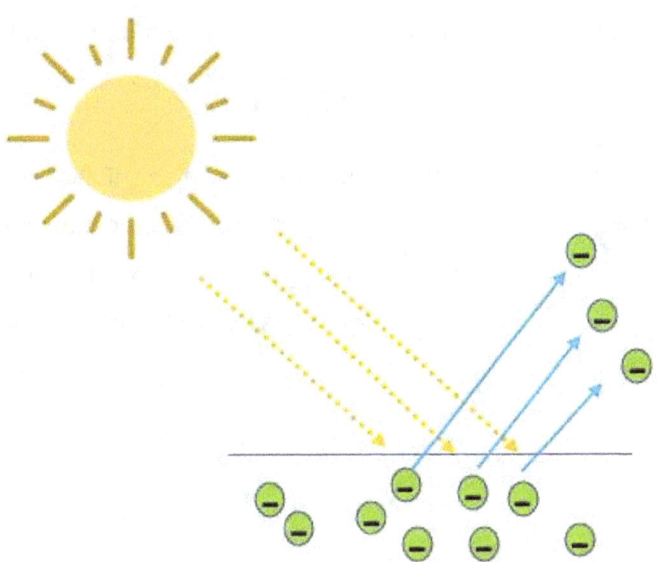

Ogni radiazione elettromagnetica (anche la luce è una radiazione elettromagnetica) è quantizzata in fotoni. I fotoni hanno diversi livelli di energia e diverse lunghezze d'onda. I fotoni con lunghezze d'onda inferiori hanno un'energia maggiore. I fotoni cedono la loro energia agli elettroni al momento dell'impatto.

La struttura di base di una cella fotovoltaica è una giunzione p-n che genera corrente continua assorbendo la radiazione solare. Vedremo questo aspetto in dettaglio tra poco. Poiché la tensione e la potenza di una singola cella sono basse, diverse celle vengono collegate in serie e in parallelo per formare un modulo solare completo, noto anche come modulo fotovoltaico.

A questo punto è importante ricordare che i moduli solari generano solo corrente continua, ma i nostri elettrodomestici hanno bisogno di corrente alternata. Per convertire la corrente continua in corrente alternata, vengono utilizzati uno o più inverter, a seconda delle dimensioni dell'impianto. Ma di questo parleremo più avanti.

2.4 Struttura di un sistema fotovoltaico, di un modulo fotovoltaico e di una cella fotovoltaica

Un sistema fotovoltaico è costituito da un gran numero di celle fotovoltaiche, ognuna delle quali è collegata insieme per formare un modulo fotovoltaico. Questi moduli fotovoltaici sono a loro volta collegati in serie o in parallelo per formare le cosiddette stringhe e gli array fotovoltaici, che a loro volta costituiscono l'impianto fotovoltaico finale.

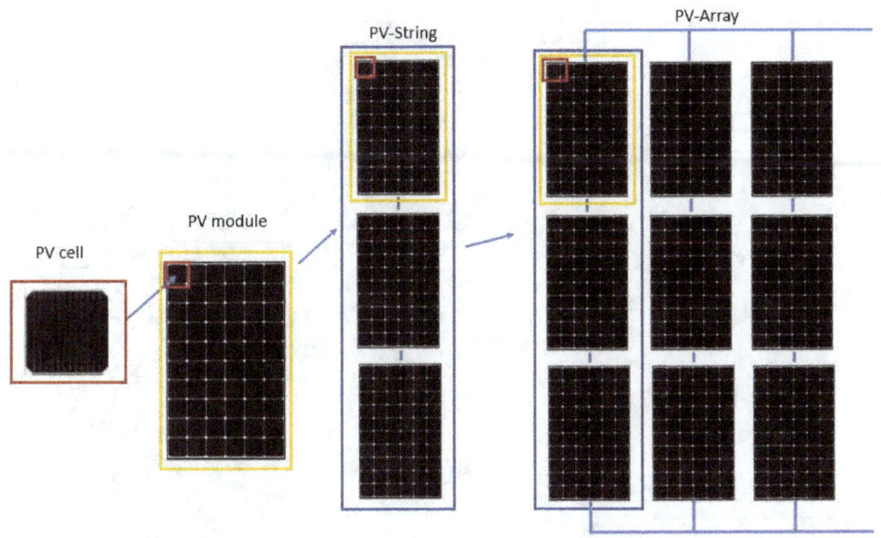

Prima di esaminare il collegamento in serie o in parallelo dei moduli fotovoltaici per formare stringhe e array, vedremo innanzitutto la struttura dell'unità più piccola, la cella fotovoltaica. Come sappiamo, le celle solari sono costituite da materiali semiconduttori drogati. La produzione - nel caso delle celle in silicio monocristallino - procede come segue: Nella prima fase, la sabbia di quarzo (SiO_2) viene trasformata in silicio grezzo. Questo processo avviene a temperature molto elevate. Da questa materia prima, il silicio più puro viene poi estratto in ulteriori fasi.

Inoltre, il silicio monocristallino viene prodotto dal silicio policristallino utilizzando il cosiddetto processo Czochralski. In questa fase, il silicio viene anche drogato con atomi estranei (ad esempio, boro e fosforo) per ottenere materiale di tipo n e materiale di tipo p. Nella fase finale, il silicio viene tagliato in lastre circolari molto sottili chiamate "Wafer".

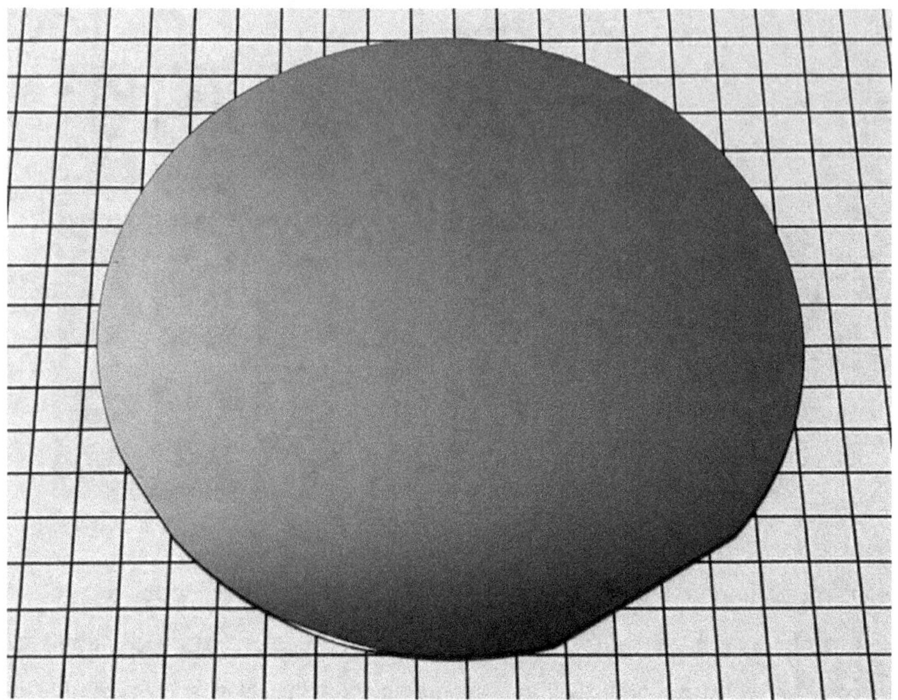

Questi wafer sono drogati in modo diverso su entrambi i lati. Da questi è possibile produrre una cella solare drogata p-n.

Le celle fotovoltaiche sono normalmente costituite da sottilissimi "Wafer" con uno spessore di soli 0,1 mm circa. Alla luce delle considerazioni precedenti, possiamo ora esaminare la struttura schematica di una cella fotovoltaica. A questo scopo, un materiale drogato p e uno drogato n vengono uniti in modo da ottenere una giunzione p-n. La struttura schematica di una cella fotovoltaica è descritta nella figura seguente:

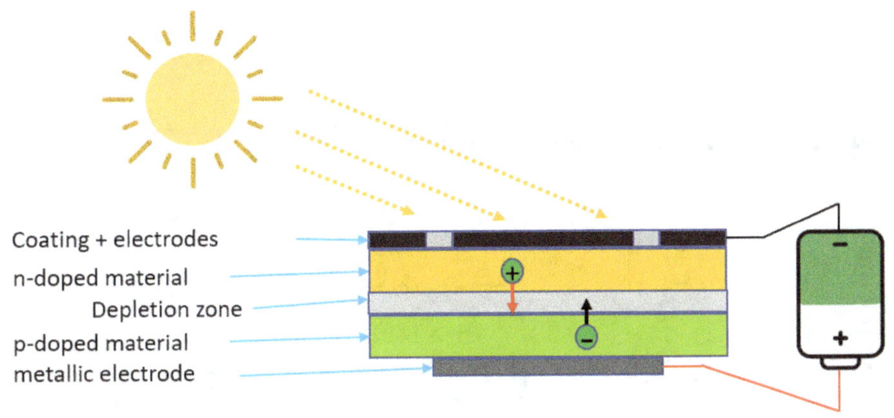

Se ricordiamo il comportamento del materiale drogato p e del materiale drogato n del capitolo 2.2, possiamo ora vedere come si crea il flusso di corrente in una cella solare.

Gli elettroni superflui dello strato n (eccesso di elettroni) riempiono i buchi dello strato p (carenza di elettroni) nel punto di contatto tra i due strati. In quest'area (area di contatto tra lo strato n e lo strato p) si forma il cosiddetto strato limite (anche: zona di deplezione, zona di carica spaziale, strato di giunzione).

A causa di questo processo, gli elettroni mancano nello strato n perché sono migrati nello strato p come descritto in precedenza. Lo strato n è ora carico positivamente (mancanza di elettroni). Lo strato p, invece, è carico negativamente (eccesso di elettroni).

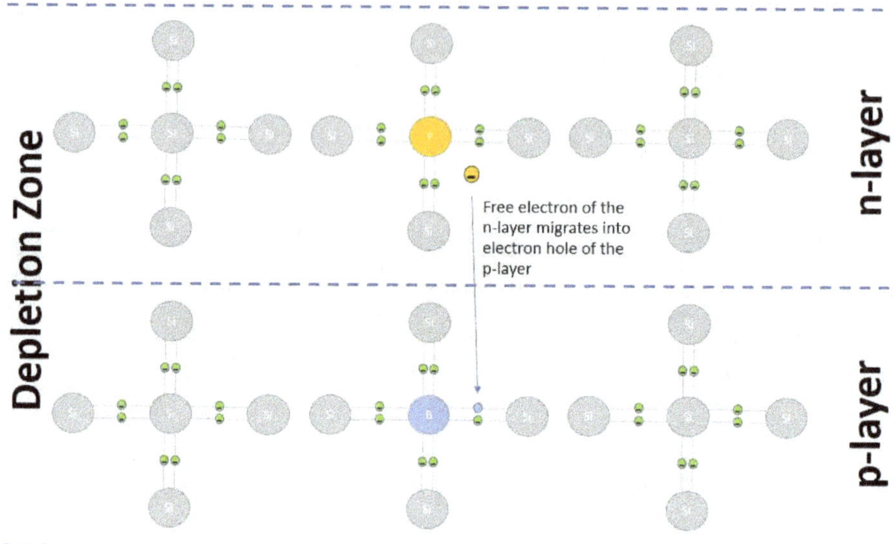

Ora lasciamo che il sole illumini lo strato limite della cella solare. Come abbiamo già imparato dall'effetto fotoelettrico, i fotoni della radiazione solare possono dissolvere nuovamente gli elettroni nello strato limite e si creano buchi ed elettroni liberi. Gli elettroni liberati sono attratti dallo strato n e si muovono verso l'alto, dove possono essere raccolti da un contatto metallico (elettrodo). I fori con carica positiva, invece, sembrano migrare verso lo strato p con carica negativa (nessun movimento reale, solo immaginazione virtuale). Anche qui c'è un contatto che chiude il circuito con un consumatore. Questo processo crea il flusso di corrente (migrazione di elettroni: elettroni in movimento = flusso di corrente). Durante questa migrazione, però, in alcuni punti accade anche che gli elettroni liberi riempiano le buche (ricombinazione; vedi capitolo 2.2) e non siano quindi più disponibili per il flusso di corrente. Pertanto, si cerca di mantenere la ricombinazione il più bassa possibile.

A proposito, lo strato n è molto più sottile dello strato p e quindi è traslucido. Questo è ciò che permette ai fotoni di raggiungere lo strato limite. La migrazione degli elettroni (inclusa la ricombinazione) è mostrata in modo schematico nella figura seguente:

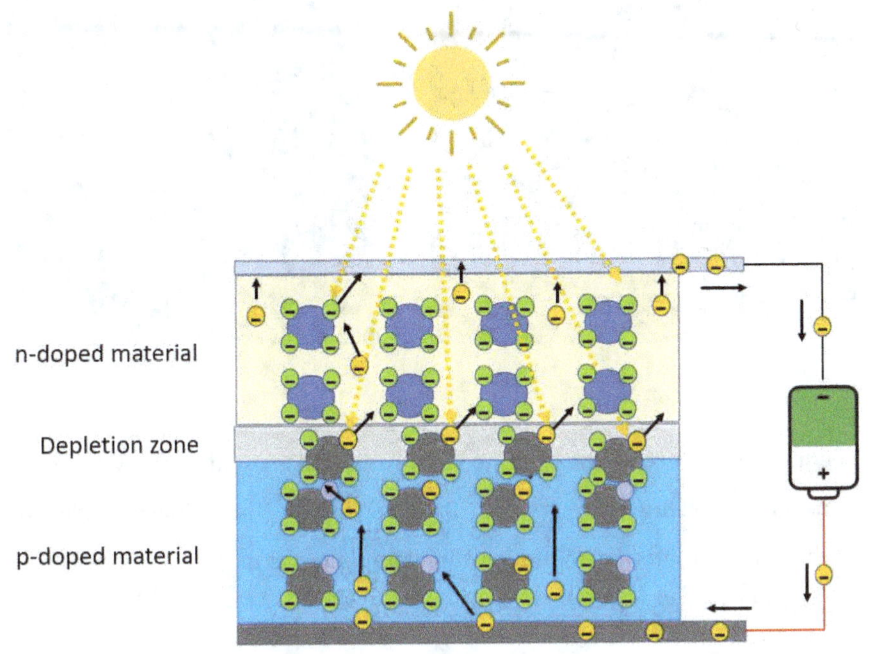

La maggior parte dei moduli solari è composta da 60 o 72 celle. Tuttavia, esistono anche moduli con 36 celle o addirittura con 96 celle. Sul lato superiore, di solito è presente un rivestimento antiriflesso che conferisce alla cella solare il suo caratteristico colore scuro.

I contatti elettrici che collegano i moduli solari sono chiamati busbars e fingers. Il processo di serigrafia viene utilizzato per stampare questi contatti (solitamente in argento) sul lato rivolto al sole della cella solare. Questi contatti servono a raccogliere o trasmettere gli elettroni che iniziano a fluire attraverso il processo descritto sopra. Le "Finger" raccolgono la corrente continua e la passano alle "Busbars". Sul lato inferiore della cella solare c'è un semplice elettrodo come polo opposto. Ciò significa che è possibile collegare un'utenza e garantire il flusso di corrente.

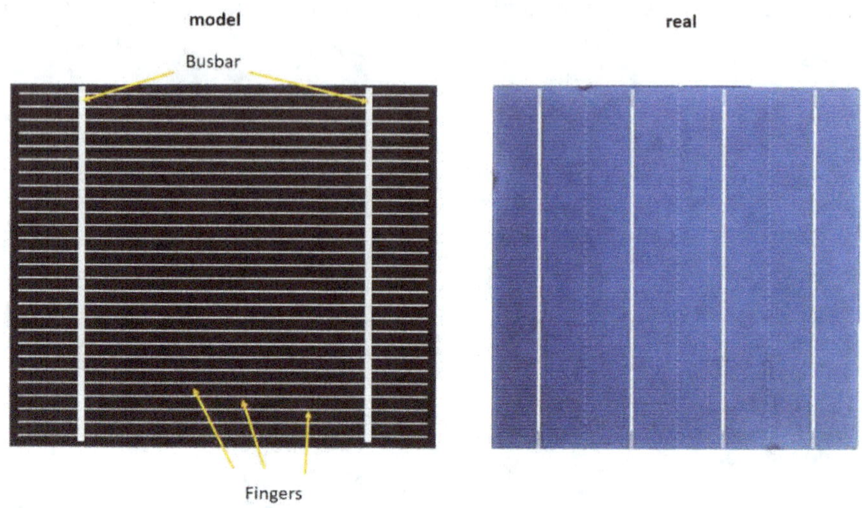

Di seguito daremo anche uno sguardo alla struttura di un modulo fotovoltaico, che - come già sappiamo - è composto da diverse celle fotovoltaiche individuali. Affinché il modulo funzioni in modo ottimale e sia protetto dalle intemperie, sono necessari altri componenti.

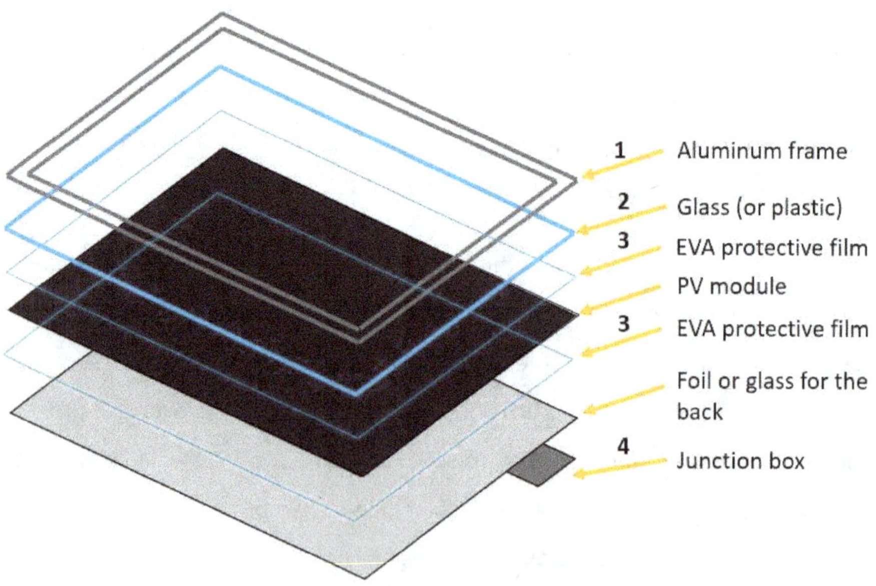

1) Telaio in alluminio:

La struttura in alluminio costituisce la base per il montaggio dei moduli solari e dei loro componenti. Inoltre, fornisce un punto di connessione per la messa a terra, in modo che le correnti di guasto possano essere condotte in modo sicuro nel terreno. I telai in alluminio sono leggeri ma relativamente resistenti alle sollecitazioni meccaniche.

2) Vetro:

I moduli solari hanno un vetro sulla parte anteriore. Il vetro dei moduli solari è solitamente dotato di un rivestimento antiriflesso per garantire il massimo assorbimento della luce solare. Oltre al rivestimento antiriflesso, il vetro offre anche una protezione contro le influenze ambientali. Il materiale di vetro dei moduli solari è abbastanza resistente da sopportare le sollecitazioni meccaniche. Anche la grandine di solito non è un problema. In alternativa, è possibile utilizzare una plastica con proprietà simili.

3) Pellicola protettiva in EVA:

EVA è l'abbreviazione di etilene vinil acetato. Lo scopo di questo strato protettivo è quello di incapsulare le celle fotovoltaiche sia in alto che in basso. L'incapsulamento in EVA protegge dalla penetrazione di polvere e umidità. Se la qualità dello strato EVA non è molto elevata o si danneggia nel tempo, questo può a sua volta danneggiare le celle fotovoltaiche permettendo all'umidità di penetrare all'interno dei moduli solari. L'umidità può a sua volta provocare un cortocircuito tra le sbarre.

4) Scatola di giunzione e connessioni:

La scatola di giunzione si trova sul retro del modulo solare. Questo viene utilizzato per intercettare la corrente fornita dalla cella solare. La scatola di giunzione può essere dotata di diodi (diodi di bypass). Se una cella del modulo non fornisce corrente a causa di un difetto o di una contaminazione, la corrente rimanente può essere deviata attraverso questo diodo di bypass, per così dire. Puoi immaginarlo come il traffico automobilistico (gli elettroni possono essere immaginati come automobili, le linee come strade). Le scatole di derivazione sono solitamente dotate di spine MC4. Le spine MC4 sono spine resistenti alle intemperie con due pin, un pin maschio per il polo positivo e una presa femmina per il polo negativo.

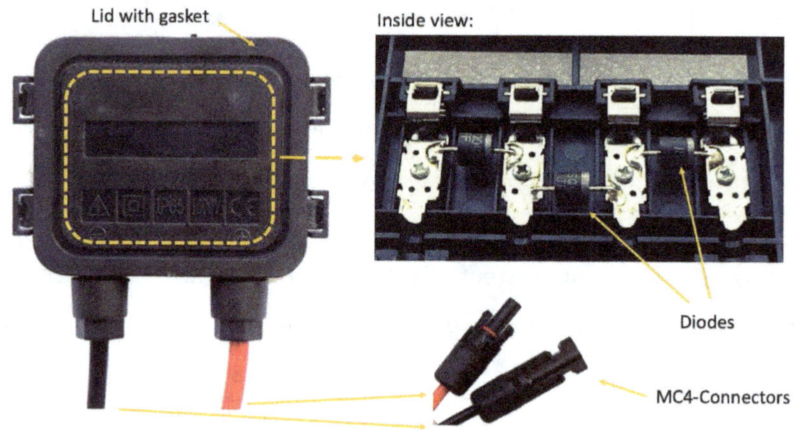

3 Breve storia dello sviluppo del fotovoltaico

3.1 I diversi tipi di moduli fotovoltaici

L'utilizzo dell'energia solare per generare elettricità è iniziato già nel XX secolo, per la precisione nel 1954, con la presentazione della prima cella solare. È stato sviluppato nel laboratorio di ricerca "Bell Laboratories" negli Stati Uniti.

Le prime celle solari avevano un'efficienza relativamente bassa ed erano anche molto costose. Una delle prime applicazioni è stata quella dei viaggi nello spazio per generare elettricità utilizzando la luce del sole. Alla fine degli anni '70, le celle solari sono state utilizzate in aree remote degli Stati Uniti per generare elettricità in assenza di una rete elettrica. Anche a quel tempo, il costo delle celle solari era ancora molto alto e poche persone potevano permettersi questa tecnologia. Tuttavia, con l'avanzare della tecnologia, il costo dei pannelli solari è diminuito notevolmente nel tempo.

Nel 1980, l'azienda "Arco Solar" è stata una delle prime a produrre pannelli fotovoltaici. L'azienda ha messo in funzione un parco solare da 1 MW (1.000.000 Watt) in California (USA) nel 1982. Poi, nel 1986, è stato introdotto sul mercato il primo modulo solare a film sottile con un'efficienza media di circa il 15,9%. Tra poco scopriremo cosa sono i moduli a film sottile. Nel 2000, la capacità totale dei moduli solari installati nel mondo ha raggiunto per la prima volta la soglia di 1 GW (1.000.000.000 di watt). La quota di mercato dell'industria fotovoltaica è aumentata gradualmente e nel 2020 la capacità totale installata a livello mondiale di sistemi fotovoltaici ha raggiunto i 760 GW.

Si può ipotizzare che la produzione totale e il numero di impianti fotovoltaici installati continueranno ad aumentare sensibilmente in questo e nei prossimi decenni a causa delle crisi energetiche e climatiche. Il sole è la più grande fonte di energia del nostro sistema solare, è logico utilizzarlo per soddisfare il nostro fabbisogno energetico.

La tecnologia solare si è sviluppata costantemente dai suoi inizi e sono stati sviluppati diversi tipi di moduli fotovoltaici. Abbiamo analizzato la struttura schematica di una cella solare e la formazione del flusso di corrente in una cella fotovoltaica utilizzando l'esempio di un modulo solare monocristallino. Tuttavia, oggi esiste un gran numero di moduli e tecnologie diverse.

Oltre alle celle monocristalline, esistono anche celle policristalline, ad esempio. I moduli monocristallini e policristallini si differenziano per la loro efficienza. L'efficienza dei moduli monocristallini (circa 20-25%) è superiore a quella dei moduli policristallini (circa 15-20%), ma i costi dei moduli policristallini sono inferiori. I moduli solari policristallini si adattano bene anche a zone con temperature ambientali elevate, motivo per cui i moduli solari policristallini sono solitamente utilizzati in zone molto calde. A seconda dell'efficienza (ad esempio, alta efficienza = meno superficie o moduli per la stessa potenza), del costo dei moduli (i moduli monocristallini sono più costosi di quelli policristallini) e di altri fattori, si può decidere per i moduli policristallini o monocristallini.

Inizialmente, questi due tipi di moduli erano gli unici tra cui scegliere. Naturalmente, lo sviluppo tecnologico non si è fermato all'industria fotovoltaica; infatti, oggi esistono numerosi altri tipi di celle fotovoltaiche. Siamo ora alla terza generazione di sviluppo delle celle fotovoltaiche.

1st generation	2nd generation „Thin film"	3rd generation „New Technology"
Monocrystalline cells	Amorphous silicon thin film cells	Nanocrystal-based cells
Polycrystalline cells	Cadmium telluride (CdTe) Thin film cells	Polymer-based cells ...

I tipi di moduli solari attualmente più diffusi sono i moduli fotovoltaici monocristallini, i moduli solari policristallini e i moduli solari a film sottile. Nel seguito daremo un'occhiata più approfondita a questi aspetti.

3.1.1 Moduli fotovoltaici monocristallini

I moduli solari monocristallini sono prodotti a partire da silicio puro con il cosiddetto processo Czochralski. In questo processo, una cosiddetta piantina (cristallo seme) viene posta in una ciotola di silicio fuso e da essa viene estratto un grande cristallo cilindrico, il cosiddetto "Ingot". Puoi pensare che sia come tirare una candela di cera, se l'hai mai fatto. Il modo migliore è guardare un video sull'argomento. Il "Ingot" viene poi utilizzato per tagliare il sottile "Wafer". Le celle monocristalline vengono poi tagliate in forma quadrata. Gli angoli vengono smussati o rimossi. Le cellule hanno un colore che va dal blu scuro al nero. I vantaggi delle celle monocristalline sono: a) alta efficienza (20-25%), b) lunga durata (almeno 20 anni), c) robustezza, d) alto rendimento elettrico con una superficie del tetto ridotta. Gli svantaggi delle celle monocristalline, invece, sono: a) costose da acquistare, b) scarso equilibrio ambientale nella produzione, c) sensibili alle alte temperature.

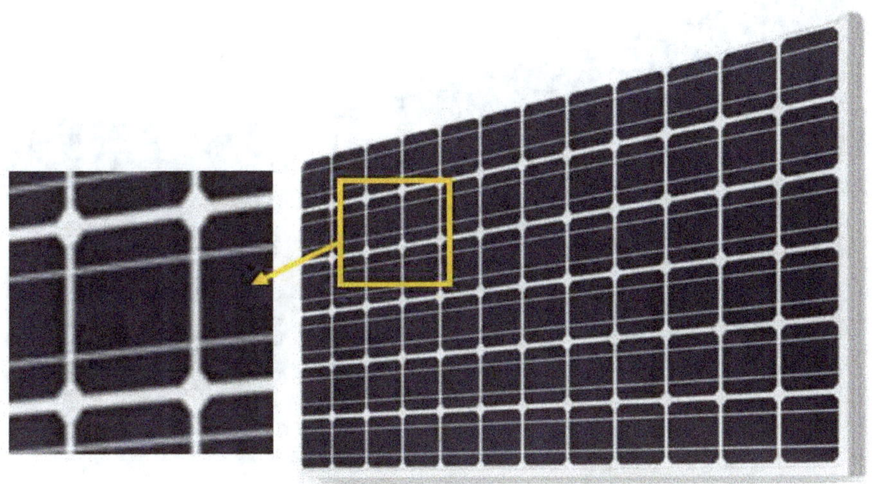

3.1.2 Moduli fotovoltaici policristallini

I moduli solari policristallini sono la forma più recente di moduli solari rispetto ai moduli solari monocristallini. Hanno una buona resistenza alle condizioni ambientali difficili. Anche i moduli solari policristallini sono fatti di silicio e vengono prodotti assemblando frammenti di silicio che danno al modulo fotovoltaico il suo aspetto caratteristico. I frammenti di silicio assemblati vengono poi tagliati in sottili "Wafer".

Le celle solari policristalline hanno solitamente un colore bluastro e sono chiaramente riconoscibili dal loro aspetto. La forma delle celle solari policristalline è rettangolare, quindi gli scarti nel processo di produzione sono minori. I vantaggi delle celle policristalline sono: a) insensibili alle alte temperature, b) più economiche delle celle monocristalline, c) più facili da produrre e con un migliore equilibrio ambientale rispetto alle celle monocristalline. Gli svantaggi delle celle policristalline, invece, sono: a) un'efficienza inferiore (15-20%), b) una superficie maggiore per lo stesso rendimento elettrico (rispetto alle monocristalline).

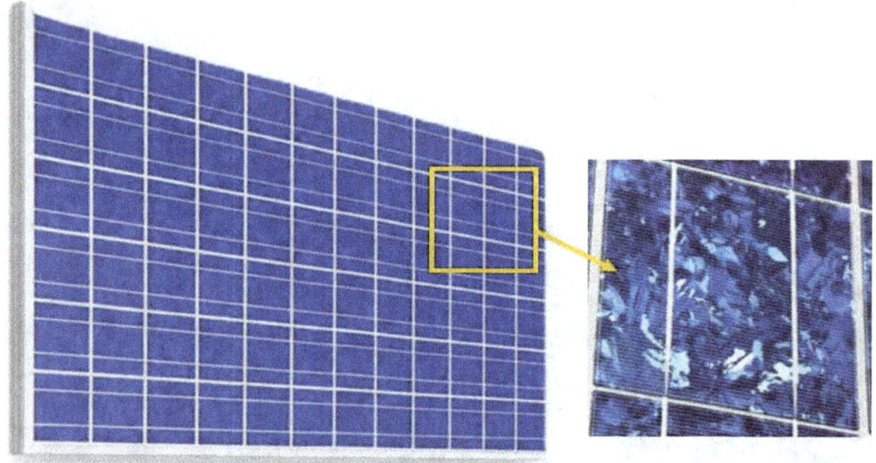

Se la superficie disponibile è sufficiente per la produzione fotovoltaica desiderata, si può sicuramente optare per la variante policristallina, più economica ed ecologica. A meno che l'aspetto non sia rigorosamente rifiutato per motivi estetici o che il sistema non debba fornire la massima potenza per l'area disponibile, la scelta deve ricadere sui moduli monocristallini. Prima di decidere, però, bisogna considerare anche i moduli a film sottile.

3.1.3 Moduli solari a film sottile

A parte le celle solari di terza generazione a base di polimeri e nanocristalli, non considerate in questa sede, le celle solari a film sottile di seconda generazione rappresentano lo sviluppo più avanzato dell'industria fotovoltaica. A differenza della produzione di celle solari policristalline e monocristalline, le celle solari a film sottile non sono sempre realizzate in silicio. Una cella a film sottile può essere realizzata anche in tellururo di cadmio (CdTe) o in seleniuro di rame indio gallio (CIGS), ad esempio. Tuttavia, è possibile utilizzare anche il silicio, ma in una struttura amorfa. Il termine amorfo descrive la struttura del silicio, che non è cristallino (struttura reticolare ordinata) ma ha una struttura atomica disordinata (amorfa). I materiali vengono depositati a vapore in uno strato sottile su un film portante durante la produzione della cella fotovoltaica. Da qui il nome di cella fotovoltaica a film sottile. Questo tipo di cella solare può essere centinaia di volte più sottile dei moduli monocristallini o policristallini convenzionali. I vantaggi di questi moduli sono principalmente: a) produzione economica, b) peso ridotto, c) flessibilità. Gli svantaggi sono: a) bassa efficienza (10-15%) b) elevato consumo di spazio, c) installazione difficile (perché senza cornice e sottile). L'elevato consumo di spazio dovuto alla bassa efficienza è uno dei motivi principali per cui questi moduli tendono a non essere presenti nel settore privato sui tetti delle case.

3.2 Cifre chiave importanti in relazione ai moduli fotovoltaici

Quando ti informi per la prima volta sui moduli o sugli impianti fotovoltaici, ti trovi di fronte a molti dati e cifre chiave contenuti nelle schede tecniche. Ti sarai chiesto cosa significhi Wp o W_{peak} o "Watt peak", oppure cosa devi fare con la tensione a circuito aperto? Diamo un'occhiata ai dati elettrici più importanti dei moduli fotovoltaici.

Ogni modulo fotovoltaico ha una propria curva caratteristica corrente-tensione (curva caratteristica I-V o curva caratteristica I-V). La curva caratteristica I-V di una cella solare descrive la quantità di energia solare che la cella fotovoltaica può convertire in elettricità utilizzabile. In altre parole, la curva caratteristica I-V fornisce informazioni sull'efficienza o sulla potenza massima che un singolo modulo, stringa o array può erogare. È possibile creare una caratteristica I-V per un singolo modulo o per un intero sistema fotovoltaico. La potenza che una cella può fornire all'utente (carico) è il prodotto della tensione e della corrente (P = U - I).

In tale curva caratteristica corrente-tensione, questa curva tra corrente e tensione viene mostrata, ad esempio, in funzione della temperatura (ad esempio 50 °C nell'immagine) o dell'irraggiamento (ad esempio 1000 W/m² nell'immagine). Il valore di picco della potenza del modulo solare, che viene definito punto di massima potenza o "maximum power point" (MMP), può essere letto qui. Questo punto di massima potenza di una cella fotovoltaica dipende, tra le altre cose, dalla temperatura della cella e dall'irraggiamento e non è quindi un punto fisso, ma variabile. In questo punto di massima potenza, la corrente di cortocircuito e la tensione a circuito aperto hanno i loro valori ottimali. Questi due valori sono importanti per la progettazione di un impianto fotovoltaico. La corrente di cortocircuito e la tensione a circuito aperto possono essere lette anche dalla curva caratteristica I-V. La corrente di cortocircuito I_{SC} è semplicemente la corrente che scorre quando la tensione è (vicina a) 0V, cioè quando i due poli del modulo fotovoltaico - senza un carico in mezzo - sarebbero collegati tra loro, cioè in cortocircuito. La tensione a circuito aperto V_{OC} o U_{OC}, invece, è il valore di tensione al quale nessun consumatore assorbe corrente (0A). Un impianto fotovoltaico deve essere progettato in base alla temperatura minima prevista (rilevante per la tensione di circuito aperto) dei moduli fotovoltaici e in base all'irraggiamento massimo previsto (rilevante per la corrente di cortocircuito).

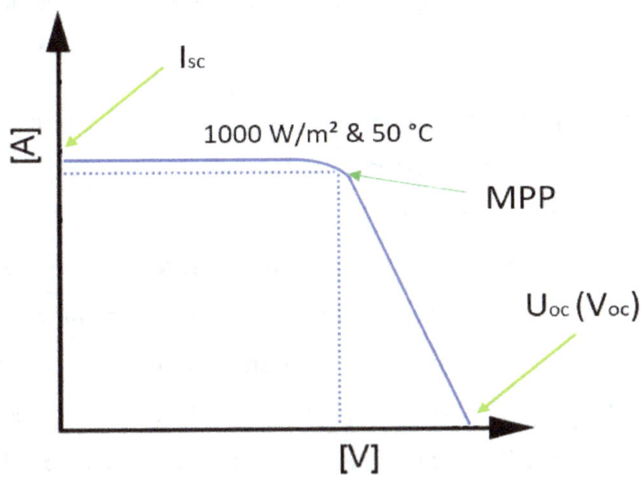

Le condizioni standard (STC) per la massima efficienza di un modulo solare sono una temperatura di 25 gradi Celsius, un irraggiamento di 1000 W/m² e una massa d'aria di 1,5. Queste condizioni sono comunemente chiamate condizioni STC. Ogni modulo ha un proprio coefficiente di degradazione, l'efficienza del modulo diminuisce all'aumentare della temperatura.

Altri termini importanti in relazione ai moduli fotovoltaici sono il fattore di riempimento ("Fill factor") e il rapporto di prestazione ("Performance Ratio").

Il fattore di riempimento (FF) viene calcolato con la seguente formula: FF = P_{MPP} / (U_{OC} - I_{SC}) e descrive la potenza massima di una cella fotovoltaica in relazione alla sua tensione a circuito aperto e alla sua corrente di cortocircuito. Il fattore di riempimento mette quindi in relazione la potenza nominale al "maximal power point" con la tensione a circuito aperto e la corrente di cortocircuito. Può essere considerato come il fattore di qualità di una cella fotovoltaica. Più alto è il fattore di riempimento (di solito valori compresi tra 0,5 e 1; 1 sarebbe l'ideale teorico), più alta è la qualità del modulo fotovoltaico.

Il "Performance Ratio (PR)", invece, indica il rapporto tra il rendimento possibile e quello ottenuto ed è espresso in percentuale. Il rendimento ottenuto può essere facilmente letto sul contatore fotovoltaico. Più il rapporto è vicino al 100%, più il sistema è efficace.

Se ti informi sui singoli moduli fotovoltaici, ti imbatterai in altri termini, come Wp. Cosa significa Wp? Wp o W_{peak} sta per "Watt peak" e indica la potenza massima - la potenza nominale - di un modulo solare quando funziona in condizioni STC (temperatura della cella = 25 °C, irraggiamento = 1000 W/m^2, massa d'aria "AM" = 1,5). Questo valore può essere utilizzato anche per confrontare i moduli fotovoltaici tra loro. In pratica, però, i valori di Wp specificati non vengono raggiunti perché le condizioni ambientali variano. In questo contesto, kWp sta semplicemente per 1/1000 di Wp. Ciò significa, ad esempio, che 550 Wp corrispondono a 0,55 kWp.

<u>Potenza nominale:</u> indicata come P_{max} o P_{nenn} o P_{MPP} [W]. Indica la potenza massima in condizioni standardizzate. Spesso indicato in Wp o kWp. Le specifiche sono di solito più alte di quelle che si ottengono nel funzionamento reale.

<u>Tensione nominale:</u> generalmente indicata come V_{MPP} o U_{MPP} [V]. Indica la tensione al "maximum power point" per l'irraggiamento attuale.

<u>Corrente nominale:</u> generalmente indicata con I_{MPP} [A]. Indica la corrente al "maximum power point" per l'irraggiamento attuale.

<u>Tensione a circuito aperto:</u> la tensione applicata al sistema fotovoltaico quando non è collegato alcun carico, solitamente indicata come V_{OC} o U_{OC} [V]. Misurabile con un multimetro.

Corrente di cortocircuito: l'intensità massima di corrente dell'impianto fotovoltaico che scorre se non c'è un carico tra i poli ma questi sono in cortocircuito. Generalmente indicato come I_{SC} [A].

Efficienza: indicata con η [%]. L'efficienza indica quanta energia incidente (radiazione solare) il modulo fotovoltaico riesce a convertire in elettricità. Più alto è questo valore, migliore o più efficiente è il funzionamento di un modulo fotovoltaico, cioè può generare più elettricità di un altro modulo nelle stesse condizioni. L'efficienza viene determinata in condizioni di test standard (STC).

Irradianza: l'irradianza [W/m²] è la potenza della radiazione elettromagnetica che colpisce una superficie (ad esempio il modulo fotovoltaico) per m².

Condizioni di prova standard (STC): Verifica le condizioni ambientali del modulo fotovoltaico. 1000 W/m² a 25 °C e massa d'aria "AM" 1,5.

Condizioni operative nominali della cella (NOCT o NMOT): condizioni ambientali di prova che si avvicinano al normale funzionamento (condizioni ambientali naturali) per ottenere valori più significativi. Ad esempio, 800 W/m² a 20°C e massa d'aria "AM" 1,5 nonché vento di 1-2 m/s e temperatura della cella di 40-50 °C - a seconda delle specifiche.

Esempio tratto da una scheda tecnica di un modulo fotovoltaico:

ELECTRICAL SPECIFICATIONS			
STC rated output (P_{mpp})*	300 Wp	305 Wp	310 Wp
PTC rated output (P_{mpp})**	273.2 Wp	277.9 Wp	282.5 Wp
Standard sorted output			0/+5 Wp
Warranted power output STC ($P_{nominal}$)	300 Wp	305 Wp	310 Wp
Rated voltage (V_{mpp}) at STC	35.74 V	35.77 V	35.80 V
Rated current (I_{mpp}) at STC	8.40 A	8.53 A	8.68 A
Open circuit voltage (V_{oc}) at STC	45.16 V	45.29 V	45.42 V
Short circuit current (I_{sc}) at STC	8.91 A	8.95 A	8.99 A
Module efficiency	15.5%	15.8%	16.0%
Rated output (P_{mpp}) at NOCT	209.5 Wp	213.0 Wp	216.5 Wp
Rated voltage (V_{mpp}) at NOCT	32.63 V	32.67 V	32.70 V
Rated current (I_{mpp}) at NOCT	6.42 A	6.52 A	6.62 A
Open circuit voltage (V_{oc}) at NOCT	41.44 V	41.56 V	41.68 V
Short circuit current (I_{sc}) at NOCT	6.89 A	6.92 A	6.95 A

4 Impianti fotovoltaici e loro componenti

Ormai sappiamo come funziona una cella fotovoltaica e come i diversi moduli fotovoltaici vengono costruiti e realizzati a partire dalle celle fotovoltaiche. In questo capitolo daremo un'occhiata agli altri componenti di un impianto fotovoltaico. Oltre ai moduli fotovoltaici, abbiamo bisogno di altri componenti per far funzionare il nostro impianto fotovoltaico. In questo caso possiamo distinguere due sistemi in termini di struttura e di componenti necessari per un impianto fotovoltaico. A seconda dell'applicazione (immissione di energia elettrica, uso proprio, forma mista), è possibile realizzare un sistema connesso alla rete (on-grid) o un sistema autonomo (off-grid). In questo capitolo analizzeremo la struttura, i componenti, le opzioni di installazione e l'accettazione o messa in funzione di questi sistemi.

4.1 Sistemi on-grid e sistemi off-grid

I sistemi fotovoltaici possono essere suddivisi in due gruppi. Il primo gruppo è composto da sistemi connessi alla rete (sistemi on-grid). Un sistema connesso alla rete è un impianto fotovoltaico collegato alla rete pubblica. Con i sistemi connessi alla rete, è possibile effettuare un'immissione totale, cioè vendere tutta l'elettricità all'operatore di rete, oppure effettuare solo un'immissione parziale.

Nel caso di immissione parziale, il sistema può essere progettato in modo tale da coprire il più possibile il proprio consumo di energia elettrica e da immettere nella rete pubblica solo l'elettricità in eccesso (ad esempio quando il sole splende molto a lungo e intensamente in un giorno). Il vantaggio dei sistemi connessi alla rete è che, a seconda della domanda, l'elettricità può essere prelevata dal gestore della rete (ad esempio quando il sole non splende) o l'elettricità in eccesso può essere immessa nella rete pubblica (ad esempio quando il consumo di elettricità è basso ma l'impianto fotovoltaico fornisce molta elettricità). La seguente illustrazione schematica serve a dare un primo orientamento su come è strutturato grosso modo un sistema connesso alla rete. I dettagli seguiranno!

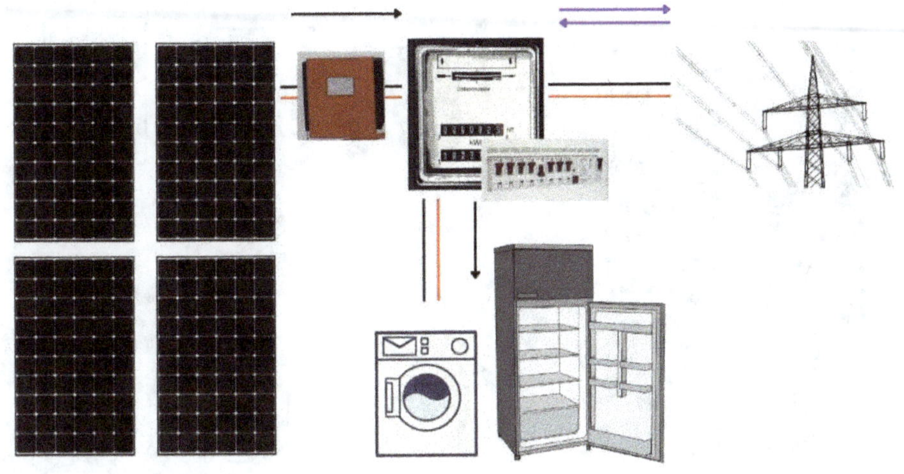

Il secondo gruppo è formato dai cosiddetti sistemi stand-alone (sistemi off-grid). Questi sistemi creano un'alimentazione autosufficiente e possono essere considerati come una mini centrale elettrica indipendente.

Questi sistemi sono utilizzati principalmente in aree remote (ad esempio paesi in via di sviluppo, case galleggianti, case mobili, ecc.) in cui non è disponibile la rete elettrica pubblica, ma anche in tutte le aree di applicazione (ad esempio le Tiny House) in cui è richiesta la massima autosufficienza. Poiché il sole non splende sempre, ma l'elettricità è solitamente necessaria in modo continuo (ad esempio per il frigorifero), un sistema off-grid richiede un dispositivo di accumulo dell'elettricità (batteria e/o dispositivo di accumulo del calore). Questi sistemi sono spesso abbinati a un generatore di emergenza o a una turbina eolica per garantire un'alimentazione continua. La seguente illustrazione schematica serve ancora una volta come orientamento iniziale per la costruzione di un sistema off-grid. In questa illustrazione è integrata una scatola nera, che rappresenta altri componenti dell'impianto fotovoltaico. Per maggiore chiarezza, li analizzeremo in dettaglio nelle sezioni seguenti.

I sistemi on-grid e off-grid possono essere progettati con l'accumulo di batterie. Il vantaggio è evidente: l'elettricità in eccesso può essere immagazzinata nei periodi di alto rendimento e/o basso consumo per fornire energia solare anche quando il sole non splende per qualche giorno. A seconda dell'ampiezza dell'accumulo di batterie e dell'impianto fotovoltaico, è possibile superare un numero maggiore o minore di giorni senza sole. Si tratta sempre di una questione di costi e di posizione individuale dell'impianto fotovoltaico.

Quale sistema si dovrebbe scegliere e ci sono differenze nella struttura dei due sistemi? Ci occuperemo di questo aspetto nel seguito. Ovviamente dipende dalla tua situazione personale, ma a meno che tu non viva con un popolo primitivo in Amazzonia o su una casa galleggiante, un sistema on-grid è probabilmente più adatto, almeno per la tua casa. Poi c'è la questione se vuoi immettere completamente l'elettricità nella rete o consumarla nella tua abitazione. Con l'aumento dei prezzi dell'elettricità e il calo delle tariffe di immissione, ora è più conveniente che mai consumare l'elettricità da soli e immettere solo l'elettricità in eccesso.

Di seguito ci occuperemo di un sistema on-grid e dei suoi componenti (compreso l'accumulo di batterie). La struttura schematica, inclusi i collegamenti, è mostrata nella figura seguente. Sono necessari: **1**) moduli solari, **2)** scatola di giunzione e protezione da sovratensione DC, **3)** inverter, **4)** contatore di elettricità solare, **5)** protezione da sovratensione AC, **6)** distribuzione principale (scatola elettrica) con contatore di elettricità, **7)** collegamento della casa alla rete elettrica pubblica, **8)** collegamento equipotenziale (messa a terra), **9)** utenza, **10)** opzionale: accumulo di elettricità.

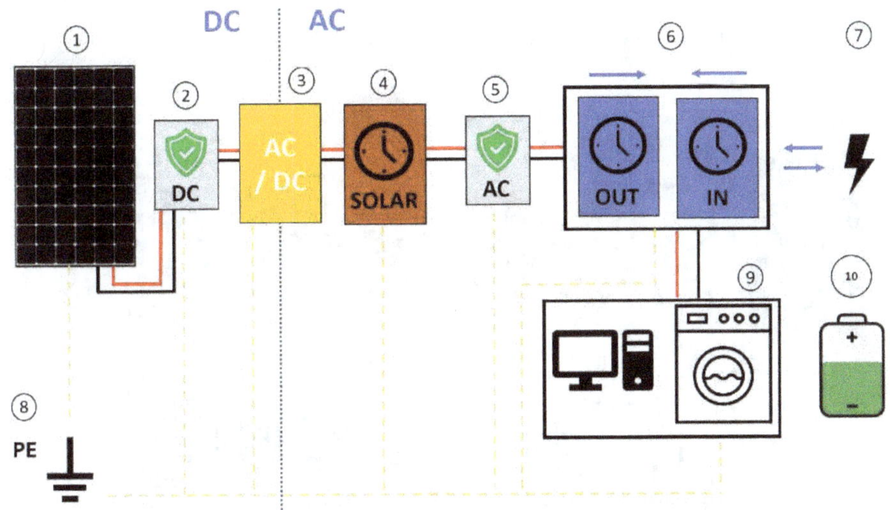

Analizzeremo in dettaglio i singoli componenti nella prossima sezione. Prima, però, qualche informazione sull'integrazione di un sistema di accumulo di energia elettrica. Un sistema di accumulo di energia elettrica può essere integrato in un impianto fotovoltaico in due modi diversi. Puoi progettare il sistema di accumulo di energia elettrica come un sistema di accumulo in corrente continua (sistema a corrente continua) o come un sistema di accumulo in corrente alternata (sistema a corrente alternata). Diamo un'occhiata più da vicino a queste due varianti.

4.1.1 Accumulo di energia elettrica con accoppiamento in corrente continua

Un accumulatore di energia ad accoppiamento DC (**10**) è collegato al lato DC del sistema, cioè direttamente dietro i moduli solari (dopo la scatola di connessione e la protezione da sovratensione DC). Oltre alla batteria di accumulo, per il collegamento sono necessari anche un convertitore DC-DC (**11**) e un regolatore di carica (**12**). Il convertitore DC-DC regola la tensione proveniente dai moduli fotovoltaici fino a una tensione di carica ottimale. Il regolatore di carica regola la corrente di carica e la tensione di carica con cui viene caricata l'unità di accumulo di energia elettrica e ha il compito di caricare o scaricare l'unità di accumulo di energia elettrica nel modo più efficiente possibile. Una protezione integrata contro la scarica profonda impedisce inoltre la scarica profonda e protegge quindi la batteria di accumulo da un difetto.

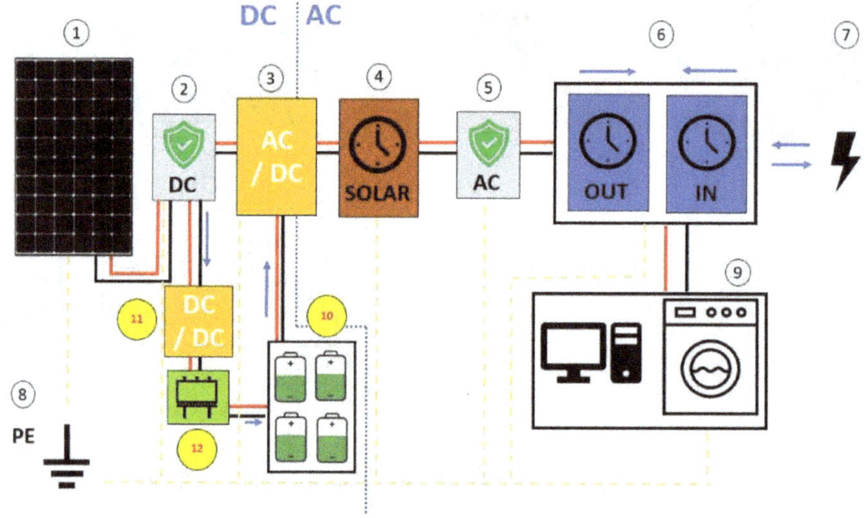

Quando l'elettricità proveniente dal sistema di accumulo è necessaria (ad esempio di notte), viene immessa nella rete elettrica dell'abitazione tramite l'inverter DC-AC (**3**). I sistemi di accumulo di energia elettrica con accoppiamento in corrente continua sono utilizzati soprattutto in impianti fotovoltaici semplici e di piccole dimensioni. **Un sistema a corrente continua è molto interessante quando si**

progetta un nuovo impianto perché ha un'elevata efficienza, non richiede molto spazio ed è relativamente facile da installare. Il **sistema è meno adatto per il retrofit di impianti fotovoltaici esistenti**.

4.1.2 Sistema di accumulo di energia elettrica con accoppiamento in corrente alternata

Un sistema di accumulo di energia elettrica accoppiato in CA, invece, è collegato alla rete CA, cioè solo dopo l'inverter fotovoltaico. A tal fine, è necessario un inverter per batterie (**11**), che converte la corrente alternata in entrata del sistema a corrente alternata in corrente continua o converte la corrente continua in uscita dal regolatore di carica (**12**) in corrente alternata. L'unità di accumulo dell'elettricità (**10**) e il regolatore di carica (**12**) possono essere identici al sistema accoppiato in corrente continua. I sistemi di accumulo di energia elettrica con accoppiamento in corrente alternata sono utilizzati principalmente negli impianti fotovoltaici di grandi dimensioni e sono particolarmente **consigliati per l'installazione a posteriori di un sistema di accumulo di energia elettrica per un impianto fotovoltaico esistente** (non è necessario sostituire gli inverter fotovoltaici).

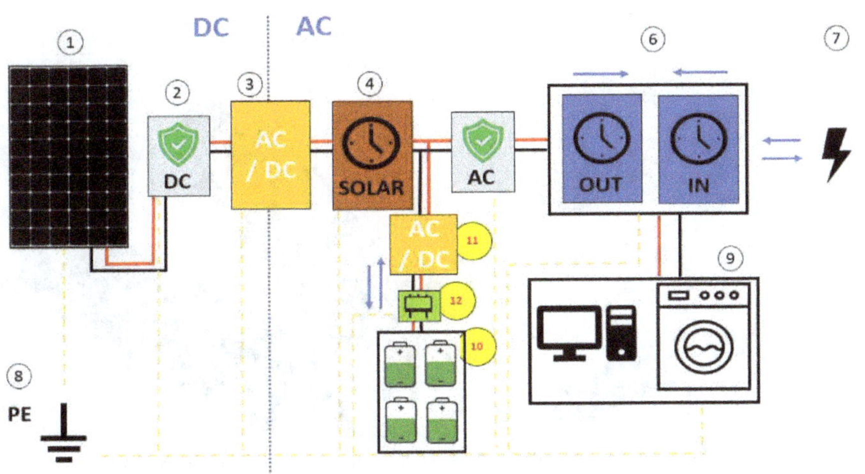

4.2 I componenti di un impianto fotovoltaico in dettaglio

In questo capitolo analizzeremo nel dettaglio i componenti di un impianto fotovoltaico connesso alla rete con accumulo di energia elettrica. **I numeri che seguono (1-12) dopo il titolo del rispettivo capitolo si riferiscono alle illustrazioni precedenti.**

4.2.1 Moduli fotovoltaici e cavi solari (1)

I componenti che servono a generare elettricità in un impianto fotovoltaico sono i moduli fotovoltaici, la cui struttura abbiamo già trattato in dettaglio. Come sappiamo, esistono moduli fotovoltaici monocristallini, policristallini e di altro tipo. Per il collegamento di questi moduli e degli altri componenti, tuttavia, questa distinzione non ha importanza. Tutti questi moduli producono corrente continua. Con speciali cavi solari (speciali cavi DC) e connettori (di solito connettori MC4), i moduli fotovoltaici vengono collegati tra loro - a partire dalle scatole di giunzione sul lato posteriore - e la corrente prodotta viene trasmessa. I cavi e i connettori devono essere posati in canali di installazione protetti dalle intemperie. La sezione dei cavi deve essere determinata in base all'impianto fotovoltaico. Anche i moduli fotovoltaici devono essere collegati a terra.

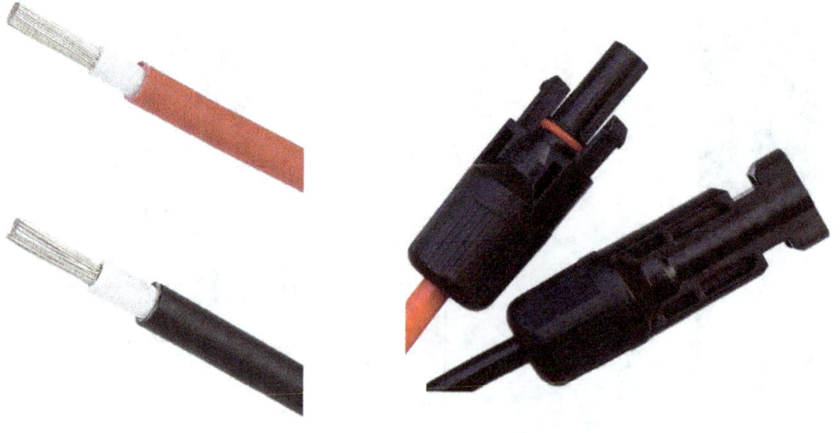

A seconda del modulo fotovoltaico, puoi aspettarti una tensione compresa tra 30 e 50 V (DC) e una corrente fino a 5 A. Puoi collegare diversi moduli fotovoltaici tra loro in due modi. Sia con un collegamento in serie che con un collegamento in parallelo (o anche combinato).

<u>Collegamento in serie:</u>

In un collegamento in serie, è sufficiente collegare un polo di un modulo solare al polo opposto del modulo solare successivo ("+" con "-" o "-" con "+"). Come già sappiamo, in un collegamento in serie le tensioni dei singoli componenti si sommano. La corrente <u>non</u> cambia. Ad esempio, se colleghi quattro moduli solari con una tensione di uscita di 30V ciascuno, otterrai 30V + 30V + 30V = 120V di tensione di uscita. Il collegamento in serie dei moduli fotovoltaici viene quindi chiamato "String".

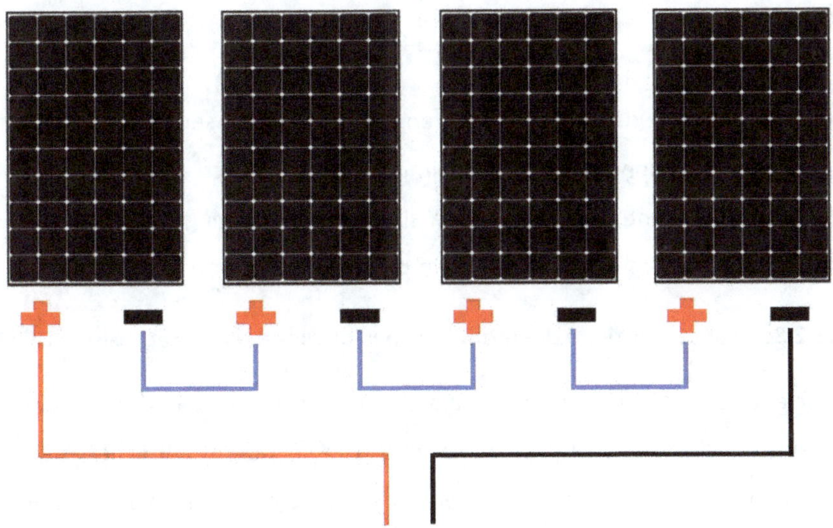

<u>Collegamento in parallelo:</u>

Con un collegamento in parallelo, invece, la corrente cambia, ma la tensione rimane la stessa.

Affinché le correnti dei singoli moduli si sommino, i moduli solari devono essere collegati tra loro come segue. Collega gli stessi poli dei singoli moduli tra loro ("+" con "+" o "-" con "-"). Supponendo che un modulo solare fornisca una corrente di 5A, la corrente totale di tutti e quattro i moduli è: 5A + 5A + 5A = 20A.

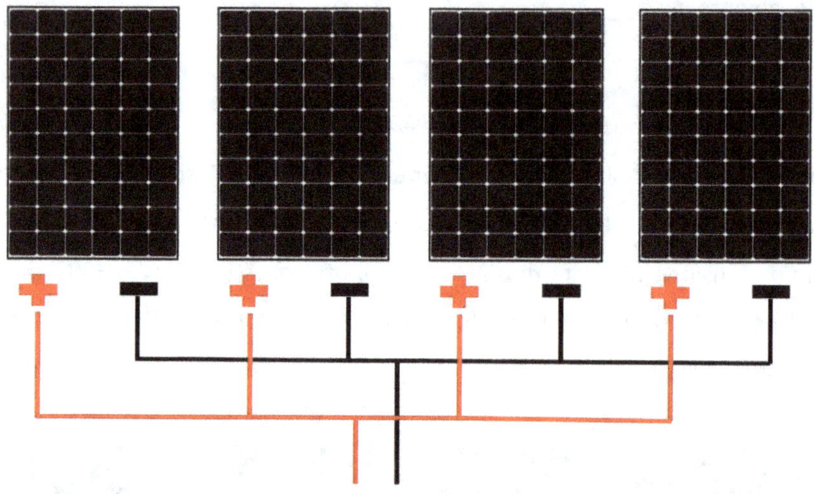

Nella maggior parte dei casi, i moduli vengono collegati in serie e in parallelo per ottenere le prestazioni desiderate dell'impianto fotovoltaico e mantenere i valori di tensione e corrente. Per prima cosa si formano le "Strings" (collegamento in serie) e poi, se necessario, si collegano in parallelo a un "Array".

4.2.2 Scatola di giunzione del modulo con protezione da sovratensione DC (2)

La corrente ora arriva dal sistema solare prima in una scatola di giunzione che contiene un dispositivo di protezione contro le sovratensioni. È necessario un dispositivo di protezione dalle sovratensioni ogni 10 m di lunghezza del cavo, sia sul lato della corrente continua (DC) che su quello della corrente alternata (AC). In questo caso, viene fatta una differenziazione anche in base al numero di "Strings" installate. La scatola di connessione con protezione dalle sovratensioni mostrata è adatta, ad esempio, per collegare due stringhe FV (ha un ingresso e un'uscita per ogni stringa).

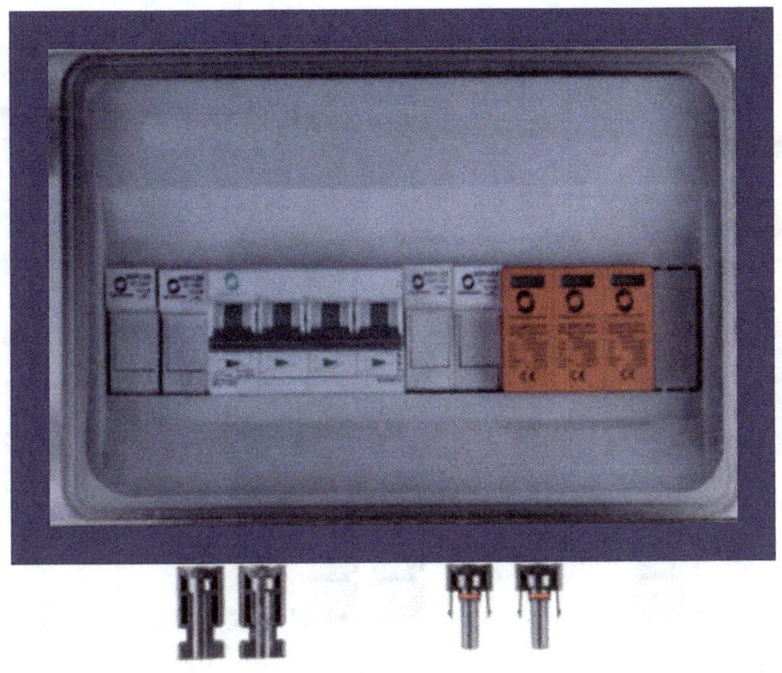

La protezione da sovratensione è necessaria per proteggersi in caso di fulmini e altre sovratensioni, anche interne, in modo che queste vengano scaricate in modo sicuro e non possano causare danni materiali o immateriali.

4.2.3 Inverter DC-AC (3)

Dalla protezione contro le sovratensioni DC, la corrente raggiunge l'inverter attraverso i cavi di collegamento. Questo ha il compito di convertire la corrente continua dei moduli fotovoltaici in corrente alternata. Un inverter converte la corrente continua in una corrente alternata sinusoidale con l'aiuto di elementi di commutazione a semiconduttore e della modulazione di larghezza degli impulsi. Tuttavia, in questa sede non ci occuperemo di come funziona esattamente. Esistono anche diversi tipi di inverter. A seconda dell'applicazione, puoi scegliere tra inverter monofase (230V) e trifase (400V) o inverter ibridi (utili per l'accumulo di energia elettrica sul lato DC). A partire da una certa dimensione dell'impianto fotovoltaico (ad esempio 5kW), ha senso optare per un inverter trifase.

Inoltre, è necessario fare una distinzione tra gli inverter "String" e gli inverter "Multistring". Puoi configurare il tuo impianto fotovoltaico in modo da avere un inverter separato per ogni "String" (diversi "String" -inverter) o servire diverse "Strings" fotovoltaiche con un "Multistring" -inverter.

4.2.4 Contatore di elettricità solare (4)

Poi può seguire un contatore di elettricità solare opzionale o un contatore di rendimento, che misura la produzione totale di elettricità dell'impianto fotovoltaico. Questo non deve essere confuso con il normale contatore elettrico di casa, che segue solo il punto (6). Tuttavia, i moderni inverter sono quasi tutti dotati di un contatore integrato, quindi a questo punto puoi risparmiare un ulteriore contatore di elettricità solare.

4.2.5 Protezione da sovratensione CA (5)

La protezione da sovratensione deve essere installata anche sul lato CA del circuito.

4.2.6 Distribuzione principale (cabina elettrica) con contatore elettrico (6)

A seconda dell'anno di costruzione della tua casa o dell'impianto elettrico della tua abitazione, puoi avere un contatore elettrico analogico o digitale. Tuttavia, questi contatori misurano solo il consumo di elettricità, cioè quanti kWh di elettricità vengono consumati dalla rete pubblica. A seconda della quantità di elettricità e del prezzo, riceverai una bolletta.

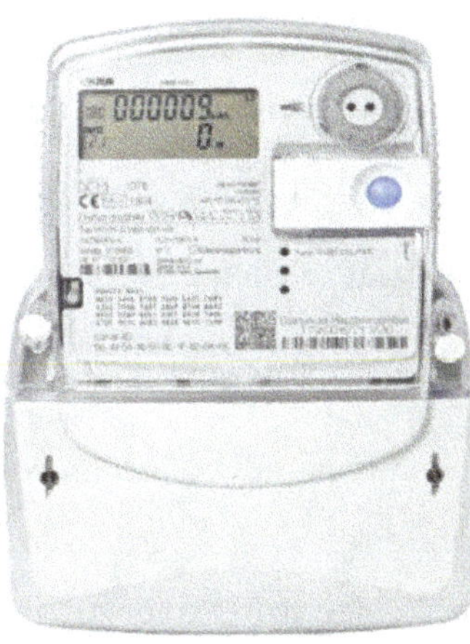

Se hai deciso di optare per un impianto fotovoltaico collegato alla rete, però, oltre al contatore di fornitura avrai bisogno anche di un contatore di immissione in rete. Questo contatore misura l'elettricità immessa nella rete pubblica e viene utilizzato anche per la successiva fatturazione. Di solito, però, il vecchio contatore di fornitura viene semplicemente sostituito da un contatore combinato - bidirezionale. In questo modo vengono rilevate entrambe le direzioni di conteggio. Visivamente, un contatore di questo tipo difficilmente si distingue da un contatore digitale. Solo il contatore bidirezionale può fornire al profano le informazioni necessarie.

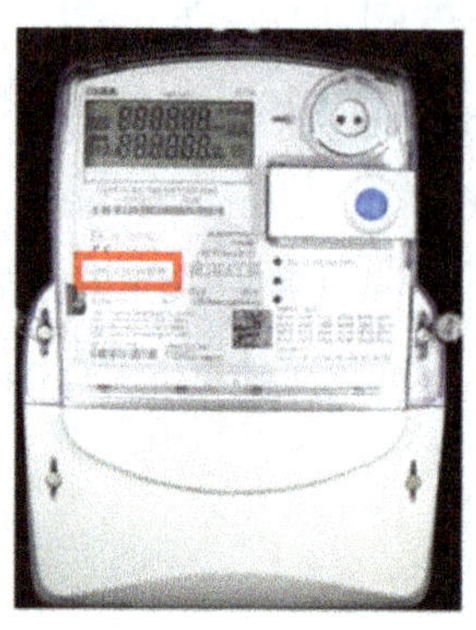 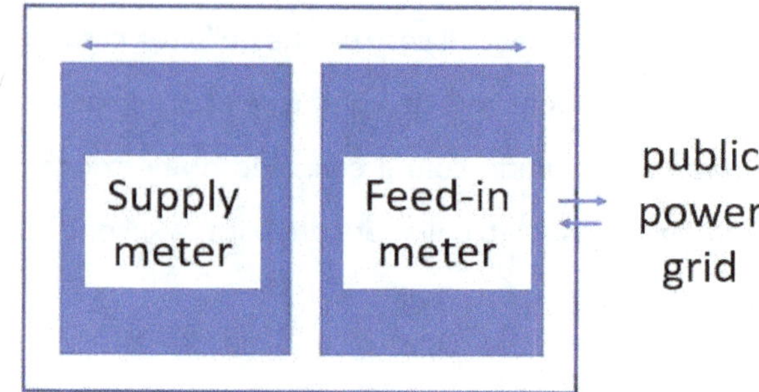

4.2.7 Allacciamento della casa alla rete elettrica pubblica (7)

Questo punto collega una casa alla rete elettrica pubblica. L'allacciamento alla casa viene utilizzato sia per prelevare l'elettricità che per immetterla nella rete.

4.2.8 Equalizzazione del potenziale (messa a terra) (8)

Tutti i componenti dell'impianto fotovoltaico e tutte le utenze devono essere collegate a terra per sicurezza. A questo scopo, è presente un equalizzatore di potenziale locale (barra di messa a terra) nell'area del collegamento dell'abitazione. Le correnti di guasto vengono scaricate a terra attraverso questa barra di messa a terra.

4.2.9 Consumatori (9)

Le utenze come la lavatrice o il PC sono collegate normalmente tramite le prese di casa.

4.2.10 Accumulo di energia (opzionale) (10)

Il problema principale della generazione di energia elettrica è che l'elettricità non può essere consumata immediatamente quando viene generata. Gli elettrodomestici, ad esempio i frigoriferi, hanno bisogno di una fornitura continua di elettricità. Altri elettrodomestici vengono spesso accesi solo la sera (ad esempio la TV) quando il sole non splende più. Se l'elettricità viene immessa nella rete pubblica, questa circostanza non è importante per il proprietario del fotovoltaico, poiché l'elettricità può essere immessa in qualsiasi momento. Tuttavia, se vuoi ottenere il massimo dell'autoconsumo, puoi risolvere questo problema con un sistema di accumulo dell'elettricità (batteria di accumulo). Un alto livello di autoconsumo ha senso, dato che l'elettricità deve essere acquistata a un prezzo relativamente alto, mentre si riceve solo un pagamento relativamente basso per l'elettricità autoprodotta immessa nella rete.

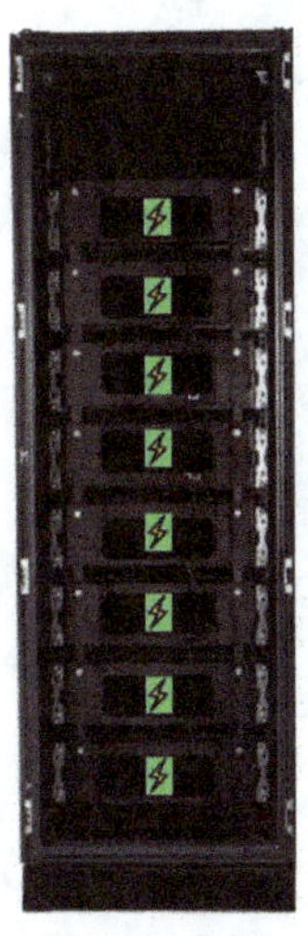

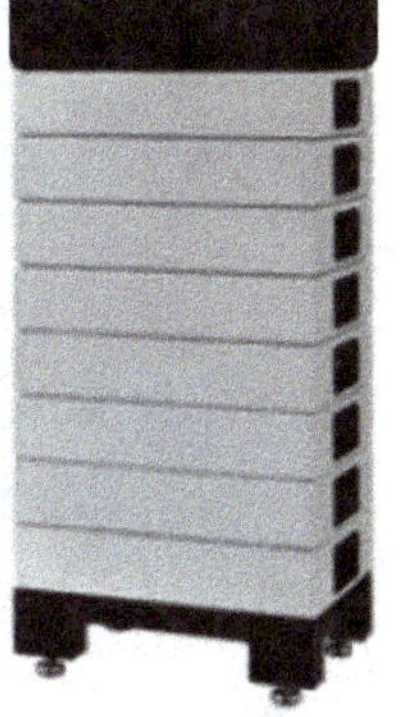

Per poter immagazzinare l'elettricità prodotta nel sistema di accumulo a batterie, hai bisogno anche di un regolatore di carica e di un inverter o convertitore di tensione. Conosceremo questi due componenti in modo più approfondito nelle sezioni **11.** e **12.** **Nota:** in alcuni sistemi di accumulo di energia elettrica, questi due componenti sono già integrati e non devono essere acquistati separatamente.

4.2.11 Regolatore di carica (solo per l'accumulo di elettricità) (11)

Il compito principale di un regolatore di carica è quello di proteggere la batteria di accumulo durante la carica e la scarica. Il regolatore di carica protegge la batteria sia da una carica eccessiva (sovraccarico) che da una scarica eccessiva (scarica profonda) regolando la corrente di carica. A seconda del modello, è presente anche un display per lo stato di carica, la corrente di carica, la tensione della batteria e la temperatura. In genere esistono tre diversi tipi di regolatori di carica. 1. controllore in serie, 2. "Shunt" (PWM), 3. controllore MPPT ("Maximum Power Point Tracking").

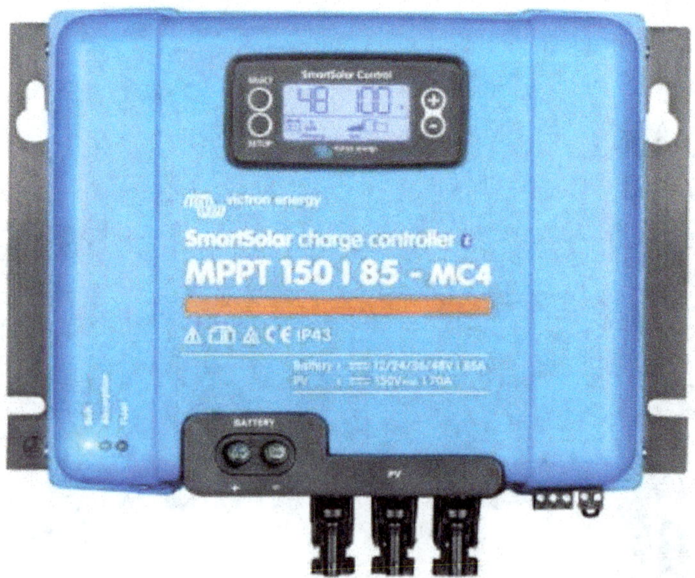

4.2.12 Inverter/raddrizzatore o convertitore di tensione per l'accumulo di batterie (convertitore AC-DC o DC-DC) (12)

A seconda che tu voglia configurare l'impianto fotovoltaico con un sistema di accumulo dell'energia elettrica accoppiato a corrente alternata o con un sistema di accumulo dell'energia elettrica accoppiato a corrente continua, avrai comunque bisogno di un inverter per batterie AC/DC (per l'accumulo di batterie accoppiato a corrente alternata) o di un convertitore di tensione DC-DC (per l'accumulo di batterie accoppiato a corrente continua). Di seguito tratteremo entrambe le varianti. Come già accennato, esistono anche sistemi di accumulo di energia elettrica che hanno già integrato questi componenti.

Inverter per batterie AC/DC in caso di accumulo di batterie con accoppiamento AC:

L'inverter è necessario perché l'unità di accumulo della batteria è collegata direttamente al circuito CA in un sistema ad accoppiamento CA. Tuttavia, la batteria di accumulo non può essere caricata con la corrente alternata, ma richiede a sua volta la corrente continua. L'inverter trasforma quindi la corrente alternata in corrente continua. Questa trasformazione da corrente continua a corrente alternata (**inverter fotovoltaico!**) e di nuovo a corrente continua (**inverter della batteria!**) comporta perdite di conversione maggiori rispetto a un sistema di accumulo a batterie con accoppiamento in corrente continua.

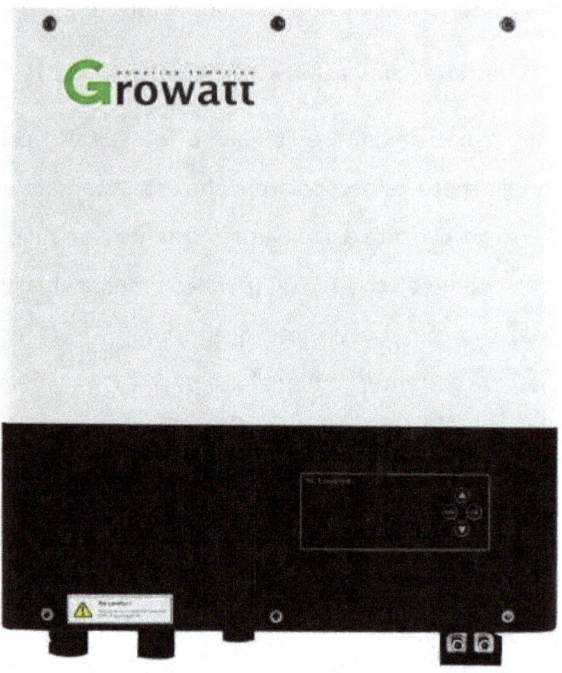

Convertitore di tensione DC/DC nel caso di accumulo di batterie con accoppiamento DC:

Nei sistemi di accumulo a batterie accoppiate in corrente continua, invece, disponiamo già della corrente continua necessaria (direttamente dall'impianto fotovoltaico). Tuttavia, a seconda delle dimensioni dell'impianto fotovoltaico, del cablaggio e del regolatore di carica, abbiamo ancora bisogno di un convertitore di tensione DC-DC, chiamato anche convertitore di tensione DC-DC, che riduce o aumenta il livello di tensione (proveniente dai moduli fotovoltaici). A seconda del circuito dei moduli fotovoltaici, la tensione potrebbe essere troppo alta per il regolatore di carica o per la batteria di accumulo, quindi deve essere prima ridotta con il convertitore DC-DC. In alcuni casi, questo convertitore è facoltativo; ne parleremo nell'esempio pratico.

4.3 Montaggio dell'unità

Un impianto fotovoltaico viene solitamente installato sul tetto di una casa. Questa posizione è adatta grazie all'altezza (di solito non c'è ombra da parte degli alberi, ad esempio) e all'orientamento (una delle superfici del tetto è spesso rivolta a sud). Se il montaggio sul tetto non è possibile, si possono prendere in considerazione alternative come il tetto di un garage, di una sala, di una tettoia o persino di uno spazio aperto. Se stai progettando l'impianto fotovoltaico per una nuova casa, puoi anche integrare l'impianto fotovoltaico direttamente nel tetto (il cosiddetto sistema in-roof) o addirittura installare delle tegole solari.

Le tegole solari sono una combinazione di tegole con un modulo fotovoltaico integrato. Da una distanza maggiore, è difficile distinguerle dalle normali tegole. Esistono diversi fornitori e modelli per questo. Le tegole vengono agganciate ai listelli del tetto come le tegole tradizionali e vengono anche cablate immediatamente. Le tegole solari sono ancora relativamente costose.

Di seguito analizzeremo il montaggio di moduli fotovoltaici convenzionali sul tetto di una casa. A seconda del tipo di tetto, esistono diversi sistemi di montaggio. **<u>Nota:</u>**

il tetto deve sempre essere in grado di sopportare il carico dei moduli fotovoltaici (oltre all'eventuale carico di neve), cioè deve essere strutturalmente progettato per questo. Se non sei sicuro, puoi consultare un ingegnere strutturale. Il drenaggio dell'acqua piovana non deve essere ostacolato dall'impianto fotovoltaico, altrimenti si potrebbero verificare danni al tetto.

In genere, i moduli fotovoltaici vengono montati su un'apposita sottostruttura composta da profili in alluminio, che a loro volta vengono ancorati nel tetto. A seconda della forma del tetto (tetto a capanna, tetto piano, tetto monopiano, tetto a falde...) si utilizzano diverse sottostrutture e a seconda della tegola (tegola, ardesia...) si utilizzano diversi metodi di montaggio. Vediamo due esempi.

4.3.1 Montaggio sul tetto a sella

I moduli fotovoltaici sono montati parallelamente alla superficie del tetto su un tetto a capanna o in generale su forme di tetto sufficientemente inclinate.

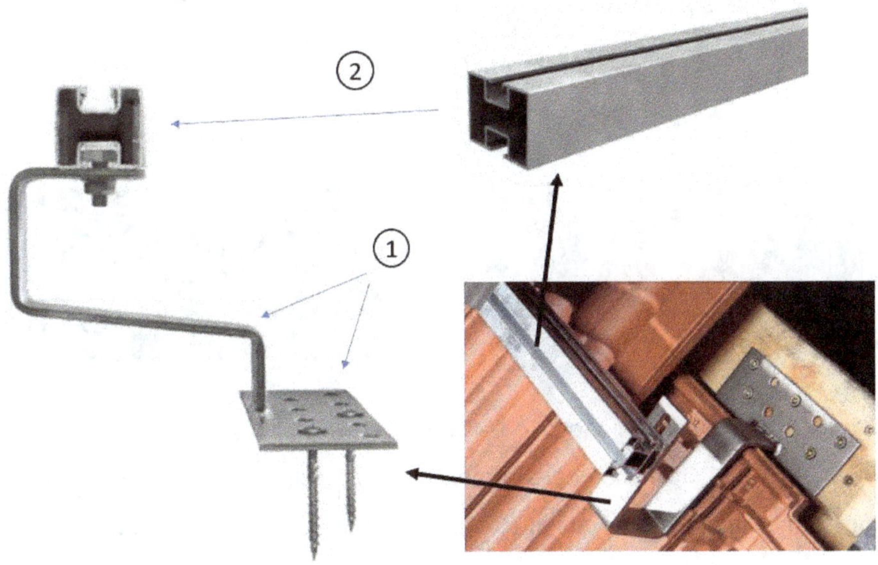

Al di sotto delle tegole, alcuni cosiddetti ganci per tetto o ancoraggi per tetto **(1)** **sono** avvitati ai listelli del tetto. I profili in alluminio **(2)** vengono poi montati tra questi ganci per tetto per sostenere i moduli fotovoltaici. Vedi l'immagine qui sopra.

A seconda del tipo di copertura (tegole, scandole, tegole lisce...), devi scegliere il tipo di gancio per tetto più adatto. Le viti prigioniere **(1)** sono utilizzate per tetti in lamiera grecata, la versione **(2)** per tetti in ardesia, la versione **(3)** per tegole semplici. Puoi anche sostituire le tegole nella zona dei ganci del tetto con tegole in lamiera **(4)** e **(5).** In questo modo si può evitare che la tegola si rompa sotto il gancio del tetto. Le tegole tradizionali possono rompersi - nel tempo - a causa del carico che agisce sulla tegola sotto il gancio del tetto.

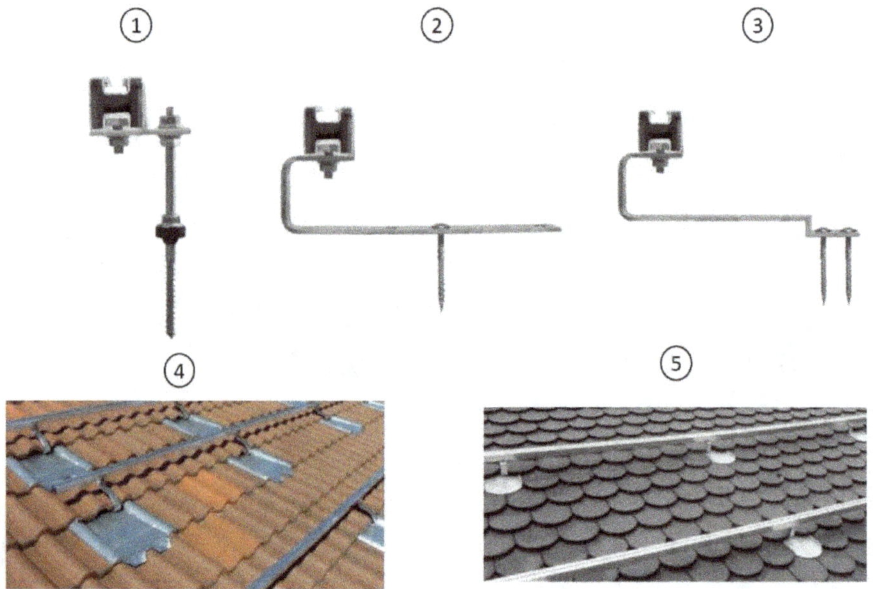

I moduli fotovoltaici vengono poi fissati sui profili di alluminio con l'aiuto di morsetti per moduli (materiale di montaggio: tasselli scorrevoli e viti). Esistono morsetti centrali **(1), che vengono** utilizzati tra due moduli fotovoltaici, e morsetti terminali **(2)** per le aree periferiche.

4.3.2 Montaggio su tetto piano

Su un tetto piatto o su un tetto senza una pendenza sufficiente, la situazione di montaggio è leggermente diversa. A causa dell'assenza di pendenza, i moduli fotovoltaici sono rialzati per migliorare la resa della radiazione solare. Elevato significa che sotto i moduli fotovoltaici viene costruita una struttura a forma di triangolo. In questo modo si crea una pendenza sufficiente. Oltre a un migliore sfruttamento dell'energia solare, grazie a un angolo di 25° o più si ottiene un effetto autopulente, in quanto lo sporco e i detriti possono essere lavati via meglio quando piove.

L'elevazione viene utilizzata anche per i sistemi montati a terra. Qui troverai anche una sottostruttura più complessa.

Oltre al tetto o al suo posto, anche la facciata della casa può essere utilizzata per un impianto fotovoltaico. I moduli a film sottile sono particolarmente adatti in questo caso.

4.4 Accettazione e messa in servizio

Se vuoi installare un impianto fotovoltaico sul tuo tetto, la guida di un esperto di fotovoltaico o di un elettricista è di grande importanza per il tuo progetto individuale. In questo libro imparerai le nozioni di base sugli impianti fotovoltaici e imparerai anche, grazie a degli esempi pratici, come progettare un impianto fotovoltaico, ma il progetto individuale dovrà essere verificato nuovamente da un esperto. Tieni presente che una progettazione, un design o un'installazione non corretti possono causare danni considerevoli a oggetti e persone. I danni più comuni a tetti, persone o all'intera casa sono causati da incendi, tempeste, carichi di neve e fulmini.

Pertanto, assicurati di ricevere ulteriori consigli per la pianificazione e l'installazione del tuo impianto fotovoltaico individuale! Se decidi per un impianto fotovoltaico con immissione in rete, dovrai comunque incaricare un elettricista (almeno per collegare l'impianto fotovoltaico), a seconda del paese. Tuttavia, puoi installare i moduli da solo. Informati sulle leggi e sui requisiti di rendicontazione vigenti nel tuo Paese. Inoltre, se non hai installato un contatore bidirezionale, devi far sostituire il tuo contatore elettrico quando immetti l'elettricità fotovoltaica nella rete.

4.5 Forma speciale: mini impianti fotovoltaici o centrali elettriche da balcone

Oltre agli impianti fotovoltaici installati in modo permanente con diversi moduli, da qualche tempo è possibile utilizzare anche piccoli impianti fotovoltaici plug-in. Questi sistemi fotovoltaici composti da uno o due o tre moduli **(1)** con inverter integrati o microinverter aggiuntivi **(2)** sono spesso chiamati anche impianti fotovoltaici da balcone o sistemi fotovoltaici guerrilla. Il nome centrale da balcone suggerisce già che questo tipo di impianto fotovoltaico può essere installato principalmente su un balcone o una terrazza. Ciò significa che anche gli inquilini possono generare la propria elettricità. Con l'aiuto di una speciale presa di corrente **(3)** (sostituibile con una presa normale da un elettricista qualificato), il sistema può essere collegato direttamente al circuito elettrico dell'appartamento, riducendo così il consumo di elettricità. Questa presa speciale ha un design più robusto di una presa normale e serve a proteggere da incendi o cortocircuiti.

Se il mini impianto fotovoltaico non fornisce più di 600 watt di potenza in uscita ed è certificato secondo lo standard di sicurezza DGS 0001, il collegamento può essere effettuato anche a una presa domestica standard, secondo la German Solar Energy Society (DGS). In generale, a seconda del consumo di elettricità e delle dimensioni dell'impianto mini-fotovoltaico, devi anche scoprire se il contatore elettrico integrato nell'appartamento è abbastanza moderno da non andare indietro se l'elettricità immessa è maggiore di quella consumata. In ogni caso, l'installazione del mini impianto fotovoltaico sul balcone potrebbe dover essere approvata dal proprietario o dalla direzione dell'immobile. La cosa migliore è chiedere al tuo padrone di casa.

5 Esempio pratico: Sistema a isola per casa mobile o Tiny House

5.1 Pianificazione, selezione dei componenti e connessione dell'impianto fotovoltaico autonomo

In questo capitolo analizzeremo nel dettaglio un esempio pratico di pianificazione, selezione dei componenti e collegamento di un sistema off-grid per una casa mobile o una Tiny House. Procediamo passo dopo passo.

In questo esempio, assumiamo che il sito di installazione (ad esempio la superficie del tetto) possa sopportare il carico dell'impianto fotovoltaico e che l'orientamento non possa essere modificato o, nel caso della casa mobile, che sia rivolto a sud. Inoltre, ipotizziamo un funzionamento puramente estivo (con consumo giornaliero di elettricità) dell'impianto fotovoltaico.

5.1.1 Fase 1: stima del consumo di elettricità

Questa fase consiste nel calcolare il consumo di elettricità della Tiny House o della casa mobile. Dobbiamo farlo in modo da ottenere il numero corretto di moduli fotovoltaici per la pianificazione successiva. In fin dei conti, l'impianto fotovoltaico non deve essere sovradimensionato, ma nemmeno sottodimensionato. Supponiamo, ad esempio, di voler far funzionare un frigorifero, una piccola TV e l'illuminazione nella nostra casa mobile o Tiny House. Vorremmo anche avere una presa supplementare a 230V per ricaricare un notebook o un cellulare. Naturalmente, puoi anche aggiungere singoli elettrodomestici. Annotiamo questi consumatori in una tabella, con una colonna per il nome dell'apparecchio, una colonna per la richiesta di energia [W] e una colonna per la durata di utilizzo [h]. Dopo aver elencato tutti gli elettrodomestici, prendi nota del numero di ore in cui questi sono accesi ogni giorno. Il compressore del frigorifero non funziona in modo permanente per 24 ore, ma si accende solo quando la temperatura effettiva supera la temperatura impostata. Qui puoi dare un'occhiata alla scheda tecnica per conoscere il consumo medio di energia. Prevediamo circa 4 ore di funzionamento a 50W al giorno. Prevediamo che la TV venga utilizzata per 2 ore al giorno, la presa a muro per 3 ore e l'illuminazione per 4 ore (nei mesi estivi). In generale, è meglio pianificare un po' di più in modo da avere riserve sufficienti. Nella terza colonna, si riporta il wattaggio dei singoli elettrodomestici in base alle informazioni riportate sulla targhetta dell'elettrodomestico. Possiamo calcolare il fabbisogno energetico totale in wattora moltiplicando la potenza degli elettrodomestici per le ore di funzionamento e sommando i singoli risultati. Il risultato potrebbe essere, ad esempio, il seguente:

Designazione del dispositivo	Domanda di energia [W]	Ore di utilizzo [h]	Fabbisogno energetico totale al giorno [Wh]
Frigorifero	50	4	200
Illuminazione	20	4	80
TV	40	2	80
Presa di corrente (PC)	90	3	270
			= 630 Wh = 0,63 kWh

Dopo aver calcolato il carico totale in watt e la richiesta totale di energia in chilowattora, possiamo stimare la capacità del nostro sistema solare e della nostra batteria di accumulo. Ma prima di questo, dobbiamo occuparci di un punto essenziale della pianificazione: la tensione del sistema.

5.1.2 Passo 2: pianificare la tensione del sistema

Prima di passare alla scelta delle batterie di accumulo, dobbiamo occuparci della tensione di sistema del nostro impianto fotovoltaico autonomo. Questa fase è molto importante perché la tensione di sistema scelta influenza la selezione dei componenti successivi. In linea di massima, un impianto fotovoltaico autonomo può funzionare con una tensione di sistema di 12V, 24V o addirittura 48V. La tensione del sistema si riferisce alla tensione che scorre nel sistema (cioè tra i moduli fotovoltaici collegati, il regolatore di carica e la batteria di accumulo). Più grande è l'impianto fotovoltaico, più alta dovrebbe essere la tensione di sistema per risparmiare sui costi (soprattutto per il regolatore di carica). A partire da 500 Wp di potenza totale dell'impianto fotovoltaico previsto, dovresti considerare la possibilità di passare da 12V a 24V. Una tensione più alta ha anche il vantaggio che a distanze maggiori (cavi) corrispondono meno perdite. Inoltre, a tensioni più elevate è necessario un cavo meno spesso (sezione trasversale più piccola), poiché la corrente si riduce a parità di potenza (P = U x I). Se rimani al di sotto dei 500 Wp di potenza totale dei moduli fotovoltaici ed eventualmente hai anche qualche utenza a 12V, puoi progettare un sistema a 12V. Vedremo nel dettaglio come influiscono le diverse tensioni di sistema nel corso dei prossimi passi. Nel nostro caso, abbiamo optato per un sistema a 24V.

5.1.3 Fase 3: Calcolare le dimensioni della batteria di accumulo

Poiché stiamo progettando un impianto fotovoltaico off-grid, abbiamo bisogno di un sistema di accumulo a batterie che copra sufficientemente il nostro fabbisogno di elettricità anche in assenza di sole o se il sole splende troppo debolmente (a causa di: nuvole, notte...). Per farlo, dobbiamo calcolare le dimensioni della batteria di accumulo. Per farlo, utilizziamo il fabbisogno energetico totale determinato nella fase 1. Inoltre, pianifichiamo una riserva in modo che la nostra alimentazione funzioni anche se il sole non splende per diversi giorni. Pianifichiamo questa riserva per 2 giorni. Ciò significa che l'alimentazione può essere mantenuta per 2 giorni anche in presenza di poca luce solare (cioè la batteria è poco carica). Per fare ciò, moltiplichiamo il nostro fabbisogno energetico totale calcolato di 630 Wh per un fattore di 2 (2 giorni di autosufficienza): 630 Wh x 2 = 1260 Wh. In questa fase, possiamo anche includere una riserva di capacità, ad esempio del 30-50%, per compensare le perdite di linea e una minore durata del sole. In questo caso, il valore calcolato finora sarà moltiplicato per 1,3 (riserva del 30%) o 1,5 (riserva del 50%). Per il nostro funzionamento puramente estivo con un'elevata durata del sole, in questo esempio ne facciamo a meno. Per il tuo progetto individuale, tuttavia, si consiglia di considerare una riserva di almeno il 15%.

Ora, per ottenere la capacità della batteria di accumulo, dobbiamo dividere il risultato in Wh per la tensione della batteria (vogliamo utilizzare una tensione di sistema di 24 V). Quindi otteniamo la capacità necessaria della batteria in Ah (ampereora). Ciò significa: 1260 Wh / 24 V = 52,5 Ah.

Inoltre, dobbiamo tenere conto del fatto che la capacità della batteria non deve scendere al di sotto di un certo valore per non scaricare troppo la batteria di accumulo e quindi danneggiarla. Un valore compreso tra il 50 e l'80% della capacità della batteria è accettabile. Le batterie al piombo, ad esempio, possono essere scaricate solo al 50% (o secondo le specifiche del produttore per i tipi speciali AGM). In questo caso, dobbiamo quindi moltiplicare la capacità della batteria precedentemente calcolata in Ah per il fattore 2: 2 x 52,5 Ah = 105 Ah.

Se scegliamo una batteria al piombo, dobbiamo assolutamente scegliere una batteria solare speciale o una batteria al piombo con tecnologia AGM o gel. La differenza tra questi due tipi di batterie è il legame dell'elettrolita. Se scegliamo una tecnologia più moderna e compatta, ad esempio una batteria di accumulo al litio, dobbiamo considerare solo il 10-25% di capacità residua invece del 50% per la scarica della batteria. Tuttavia, le batterie al litio sono molto più costose delle tradizionali batterie al piombo. I vantaggi e gli svantaggi sono chiaramente riassunti nella seguente tabella:

	GEL	AGM	Litio
Cicli di ricarica	500 - 1800	400 - 1500	2000 - 5000
Vita	10 - 12 anni	7 - 12 anni	Più di 12 anni

	Maggiore profondità di scarico, costi moderati	Alta corrente, basso costo, bassa autoscarica	Corrente elevata, possibilità di scariche molto profonde, alta efficienza, compattezza, autoscarica molto ridotta
	Elevato fabbisogno di spazio	Profondità di scarico inferiore, ingombro elevato	Costi elevati

Nel nostro caso, optiamo per una batteria AGM perché non vogliamo affrontare i costi più elevati di un investimento in batterie al litio. Sebbene le batterie al litio siano vantaggiose nel lungo periodo, all'inizio sono da tre a cinque volte più costose delle batterie AGM.

Abbiamo quindi calcolato un valore di 105 Ah per la nostra batteria di accumulo. A questo scopo potremmo utilizzare una singola batteria AGM con capacità di 105 Ah. Dovrebbe quindi avere 24 V, ma la maggior parte delle batterie AGM ha solo 12 V. Per ottenere i 24 V richiesti, dobbiamo collegare due batterie in serie (collegamento in serie: la tensione si somma, la corrente rimane la stessa). Se la capacità delle batterie selezionate non è sufficiente, possiamo anche collegare altre batterie in parallelo (connessione in parallelo: la corrente si somma, la tensione rimane la stessa). Nel nostro caso, ad esempio, scegliamo due batterie "12V 110Ah Deep Cycle AGM" di "Victron Energy", che collegheremo in serie. Otteniamo quindi 24V 110Ah. Sono necessari 105Ah, cioè 5Ah rimangono come riserva. A proposito, vedremo come collegare tutti i componenti in dettaglio nell'ultima fase.

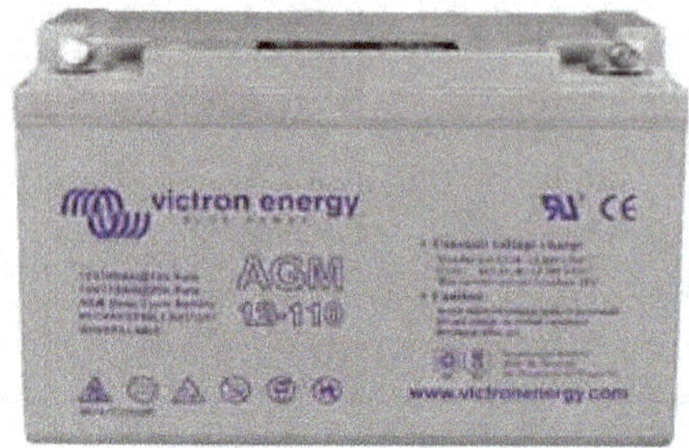 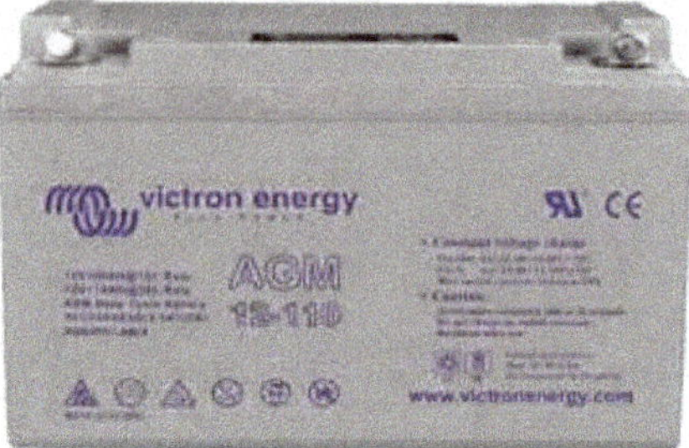

<u>Nota:</u> con una tensione di sistema di 12 V, avremmo ottenuto un valore di 210 Ah per la capacità della batteria con 1260 Wh / 12 V = 105 Ah e con il 50% di capacità residua (2 x 105 Ah). Per questo avremmo potuto prevedere, ad esempio, una batteria più grande di "Victron Energy" da 12V 220 Ah. Se confronti i prezzi, pagherai circa (!) lo stesso prezzo in entrambi i casi. Tuttavia, la differenza di prezzo sarà significativamente diversa per il regolatore di carica solare.

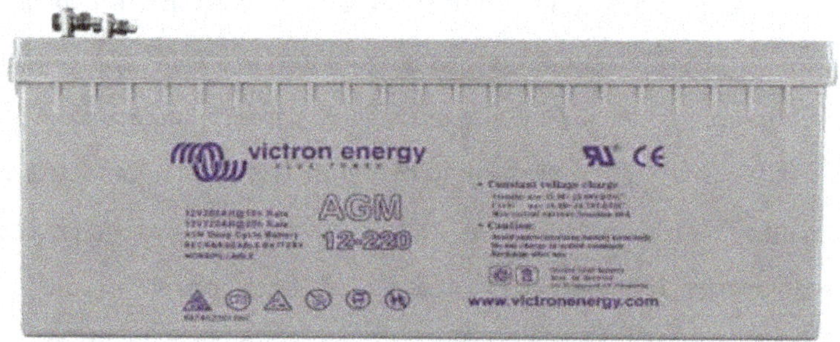

Se vuoi optare per la tecnologia al litio, un'alternativa al litio potrebbe essere, ad esempio, la batteria al litio di "Liontron" con 25,6V e 100A. Tra l'altro, è facile trovare batterie da 24 e 48 V nei depositi di batterie al litio, quindi una sola batteria è sufficiente. In questo caso, la capacità [Ah] della batteria di accumulo al litio sarebbe addirittura troppo grande, poiché non dobbiamo considerare il 50% di capacità residua con il litio, ma solo il 20% (vedi i calcoli e le spiegazioni precedenti). Con un fattore di 1,25 invece di un fattore di 2, arriveremmo a 65,6 Ah di capacità della batteria (1,25 x 52,5 Ah = 65,6 Ah), cioè una batteria al litio da 65-70 Ah sarebbe sufficiente anche per questo. Una batteria al litio sarà comunque molto più costosa, ma il rapporto qualità-prezzo è decisamente migliore.

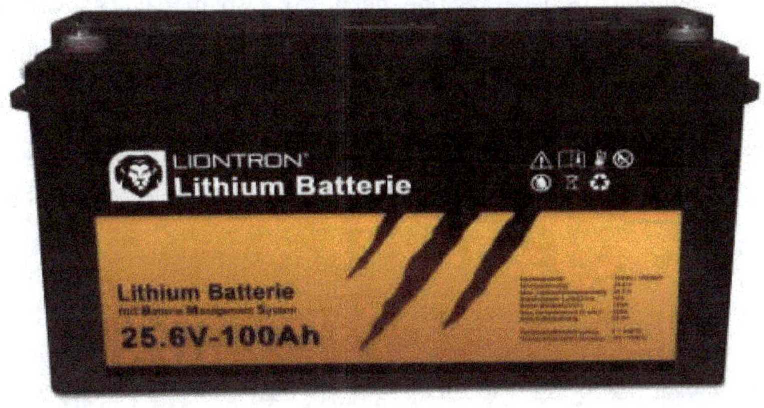

https://greenakku.de/Batterien/Lithium-Batterien/24V-Lithium/LIONTRON-Lithium-24V-100Ah-mit-BMS::1569.html

5.1.4 Fase 4: Determinare le dimensioni e il numero di moduli fotovoltaici

Ormai sappiamo quale sarà il nostro fabbisogno energetico totale e l'accumulo di batterie. Per garantire che anche le nostre batterie solari siano cariche, in questa fase ci occupiamo della selezione e del dimensionamento dei moduli fotovoltaici.

Prima di poterlo fare, abbiamo bisogno dei dati relativi al sito di installazione, all'orientamento del nostro sistema e all'angolo di installazione ottimale. Per non rendere il tutto troppo complesso, partiamo dal presupposto che la nostra Tiny House o il nostro camper si trovino in un luogo fisso (ad esempio un campeggio) e non vengano trasportati in luoghi diversi.

Come già sappiamo, dovremmo orientare i nostri moduli fotovoltaici il più possibile verso sud quando ci troviamo nell'emisfero settentrionale (Europa, Stati Uniti...). Inoltre, i moduli non devono essere ombreggiati durante il giorno. Il modo migliore per provarlo nel luogo che hai scelto è osservare l'andamento delle ombre per diversi giorni.

Per ottenere l'angolo di installazione ottimale, dobbiamo tenere conto della posizione (latitudine) e della stagione (nel nostro caso: modalità estiva). Per farlo, possiamo dare un'occhiata a una mappa o leggere i dati esatti con l'aiuto di due strumenti online che ci serviranno in seguito. Si tratta, ad esempio, dello strumento "PVGIS", che può essere utilizzato per determinare i parametri degli impianti fotovoltaici per un luogo specifico. Questo strumento è disponibile sul seguente sito web:

https://re.jrc.ec.europa.eu/pvg_tools/en/

In alternativa, puoi utilizzare il sito web: https://globalsolaratlas.info/ per conoscere i parametri solari di una specifica area. Tuttavia, ci occuperemo di questo sito web nel prossimo capitolo.

Per prima cosa ci occupiamo dello strumento "PVGIS". Possiamo inserire l'indirizzo desiderato del luogo da visualizzare nell'area in basso a sinistra. Nel nostro esempio utilizziamo la località di Monaco di Baviera. Cliccando su "Go" si seleziona la posizione.

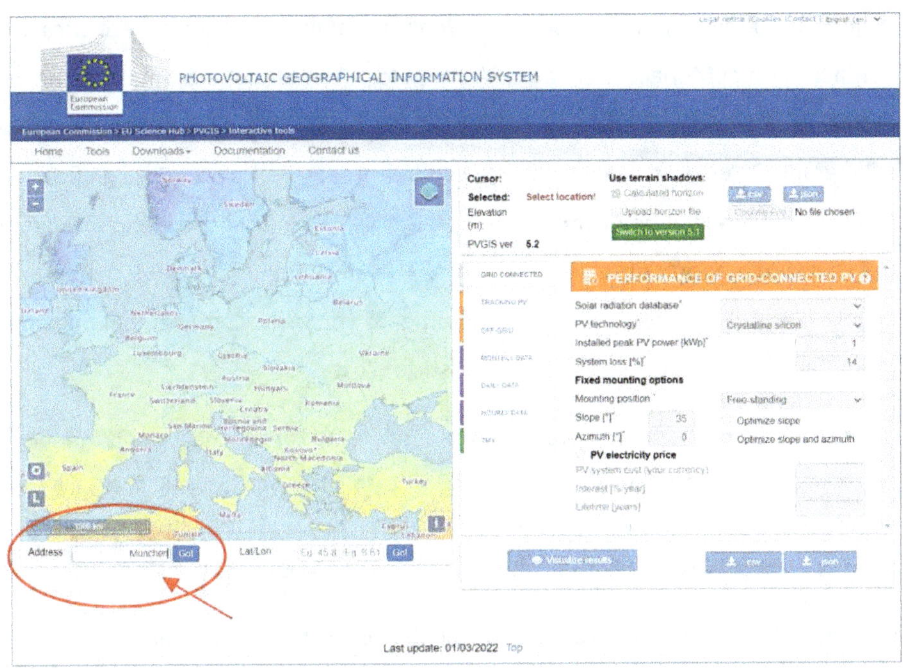

Otteniamo quindi una vista dettagliata della posizione e della latitudine e longitudine selezionate, oltre a un'indicazione dell'altitudine della posizione nell'area contrassegnata.

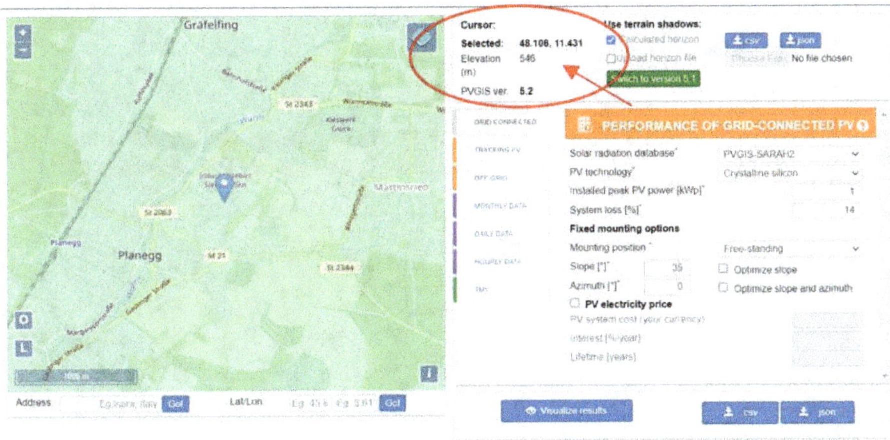

In questo modo, nel primo passo otteniamo la latitudine richiesta, ovvero circa 48° per la località di Monaco. Per calcolare l'angolo di installazione ottimale dei nostri moduli fotovoltaici, utilizziamo la seguente formula: 90° meno il punto alto del sole a "x" gradi. Otteniamo il picco del sole con 90° - (48° - 23°) = 65°. Ciò significa che **l'angolo di installazione ottimale** è 90° - 65° **= 25°**. I 23° corrispondono all'angolo di inclinazione approssimativo della terra. Abbiamo quindi calcolato che con un angolo di installazione di 25° e un orientamento verso sud, otterremo il massimo rendimento energetico nel giorno del solstizio d'estate.

<u>Nota</u>: se preferiamo far funzionare il sistema a isola tutto l'anno, dobbiamo progettare il sistema per il funzionamento invernale. In questo caso, otteniamo l'angolo di installazione ottimale calcolando il picco del sole come 90° - (48° + 23°) = 19°. L'angolo di installazione ottimale in questo caso sarebbe: 90° - 19° = 71°, cioè molto più ripido.

Ora che abbiamo calcolato l'angolo di installazione ottimale, possiamo calcolare il rendimento del nostro impianto fotovoltaico nello strumento "PVGIS" inserendo alcuni parametri necessari. Per fare ciò, cambiamo il tipo di sistema nell'area centrale in "OFF-GRID", poiché stiamo progettando un sistema stand-alone off-grid.

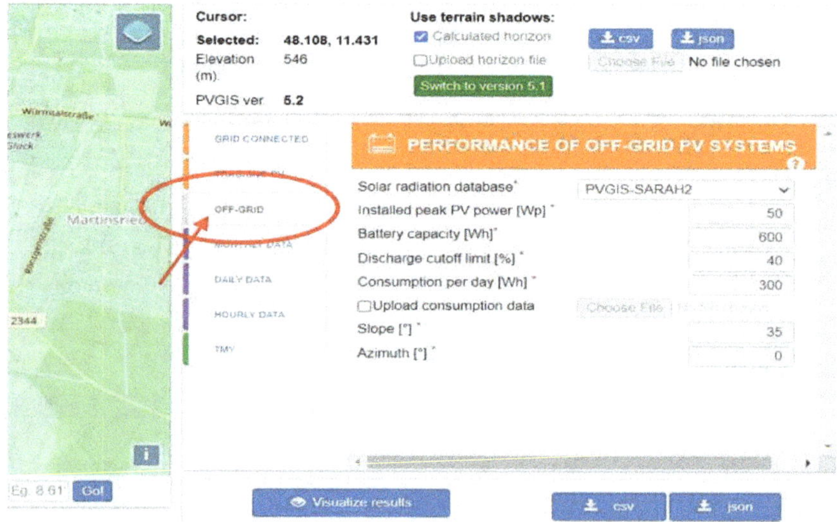

Ora iniziamo a inserire i nostri valori. Iniziamo con l'angolo di incidenza ("Slope") e l'orientamento ("Azimuth") nella parte inferiore dei campi di inserimento. A "Slope" inseriamo l'angolo di assetto calcolato di 25° e a "Azimuth" inseriamo 0° (corrisponde all'orientamento verso sud). Finora abbiamo ancora il fabbisogno energetico totale di 630 Wh calcolato nella prima fase, che inseriamo in "Consumption per day [Wh]". Come "Solar radiation database" lasciamo il database "PVGIS-SARAH2", che contiene i dati dal 2005 al 2020. Abbiamo anche già calcolato la capacità della batteria (in realtà 105 Ah, ma noi usiamo una batteria da 110 Ah). Dobbiamo convertire questi Ah in Wh (110 Ah x 24V = 2640 Wh) e inserirli in "Battery capacity [Wh]". In "Discharge cutoff limit [%]" inseriamo la profondità di scarico del 50% misurata nel passaggio precedente.

PERFORMANCE OF OFF-GRID PV SYSTEMS

Solar radiation database*	PVGIS-SARAH2
Installed peak PV power [Wp] *	
Battery capacity [Wh]*	2640
Discharge cutoff limit [%] *	50
Consumption per day [Wh] *	630
☐Upload consumption data	Choose File No file chosen
Slope [°] *	25
Azimuth [°] *	0

Rimane un parametro, ovvero "Installed peak PV power [Wp]". Vogliamo scoprire questo valore, quindi per prima cosa inseriamo un valore qualsiasi, ad esempio 500 [Wp] e visualizzeremo i risultati. Possiamo quindi capire se abbiamo bisogno di una potenza totale del modulo fotovoltaico più alta o se è già troppo alta. Per farlo, clicchiamo su "Visualize results" e poi sul pulsante "Performance" per poter valutare i giorni con la batteria piena o scarica.

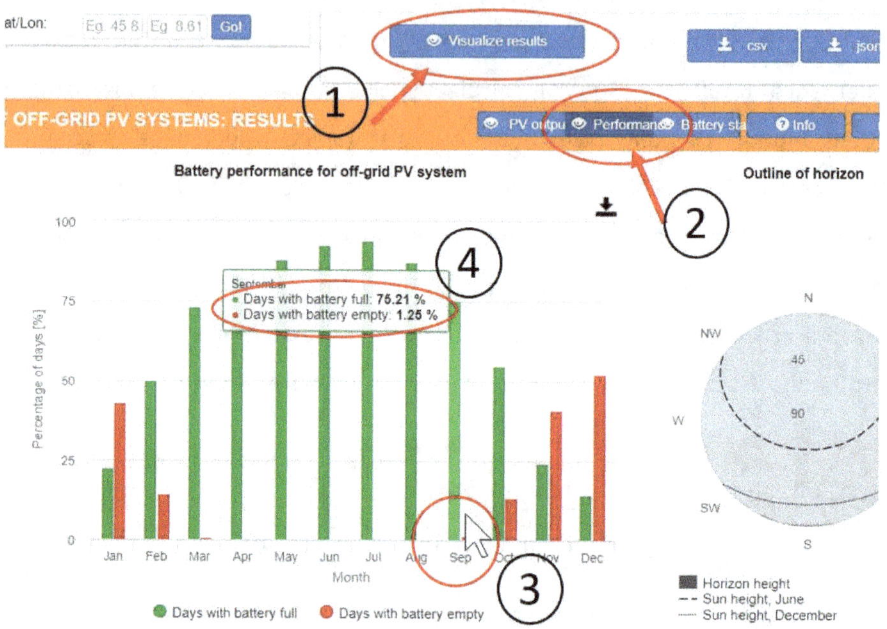

Ora vediamo che nei mesi da aprile a settembre troveremmo una batteria vuota solo al massimo nell'1,25% dei giorni del mese di settembre (vuota in questo caso significa scarica al 50% a causa del limite di scarica inserito). Ciò significa che con moduli fotovoltaici con una potenza totale di 500 Wp, saremmo già abbastanza attrezzati.

Considerando il mese di settembre, ciò significa che probabilmente dovremo gestire una batteria vuota (= scaricata al 50%) solo per una frazione di giorno (30 giorni - 1,25% = 0,375 giorni). Nei mesi invernali, come si può vedere dalle barre rosse, la situazione è molto diversa. Tuttavia, come ho detto, stiamo valutando solo il funzionamento estivo (aprile-settembre). Per non dover gestire un solo giorno con la batteria scarica, aumentiamo semplicemente la nostra produzione totale a passi di 50 Wp fino a quando non vediamo più una barra rossa tra aprile e settembre ("Days with battery empty" sotto lo 0,5%). In questo esempio, questo sarebbe già il caso con 550 Wp.

Quindi abbiamo bisogno di una potenza fotovoltaica totale di circa 550 Wp. Cosa significa Wp? Wp è l'acronimo di "Watt peak" e indica la potenza massima di un modulo solare quando funziona in condizioni ottimali (temperatura della cella = 25 °C, irraggiamento = 1000 W/m², massa d'aria = 1,5). Questo valore può essere utilizzato per confrontare i moduli fotovoltaici tra loro.

I moduli fotovoltaici sono disponibili in media tra i 50 Wp e i 400 Wp, a seconda delle dimensioni e del design.

Nel nostro caso, ad esempio, potremmo installare due moduli **monocristallini** "BlueSolar" da 360 Wp di Victron Energy (ad esempio, disponibili qui: https://greenakku.de/Solarmodule/Solarmodule-ab-200Wp/Victron-BlueSolar-

Solarmodul-Monokristallin-360Wp::3678.html), oppure due moduli **policristallini** "BlueSolar" da 330 Wp (ad esempio, disponibili qui: https://greenakku.de/Solarmodule/Solarmodule-ab-200Wp/Victron-BlueSolar-Solarmodul-Polykristallin-330Wp::3622.html).

In questo modo si ottiene anche un po' di potenza in più rispetto a quella desiderata (può essere vista come una riserva). In questo modo otterremmo 2 x 360 Wp = 720 Wp o 2 x 330 Wp = 660 Wp invece dei 550 Wp richiesti. Se non vuoi una riserva così elevata, puoi anche scegliere moduli più piccoli, ad esempio da 50 Wp ciascuno, e collegarne 11 insieme per ottenere 550 Wp.

Vale la pena ricordare che esistono anche pacchetti già pronti con moduli fotovoltaici, batterie di accumulo, regolatori di carica..., che possono in parte creare un vantaggio di prezzo. Durante la ricerca, orientati sui parametri richiesti (Wp per i moduli fotovoltaici e kWh o Ah per le batterie di accumulo). Se nella confezione è incluso anche un regolatore di carica, leggi prima il passo successivo o, in generale, è meglio leggere tutti i passi prima di prendere una decisione.

5.1.5 Fase 5: Regolatore di carica

Poiché ora conosciamo la capacità della batteria di accumulo e il numero di moduli fotovoltaici per il nostro progetto di esempio, possiamo continuare con il regolatore di carica. A cosa serve un regolatore di carica? Questo componente assicura che la batteria di accumulo sia caricata con la tensione corretta, previene il sovraccarico della batteria di accumulo e protegge la batteria di accumulo dalla scarica profonda, garantendo una lunga durata del sistema.

Fondamentalmente, esistono due tipi diversi di regolatori di carica: il tipo "PWM" e il tipo "MPPT". Diamo una breve occhiata alle differenze.

PWM   MPPT

L'abbreviazione "PWM" significa modulazione di larghezza di impulsi. Fino a quando la batteria non è completamente carica, questo regolatore di carica lascia fluire praticamente tutta la corrente necessaria per caricare completamente la batteria. Solo quando la batteria è completamente carica, il regolatore di carica attiva e disattiva continuamente l'alimentazione di corrente alla batteria (tecnologia PWM) in modo che la batteria mantenga una tensione costante. Si può quindi pensare semplicemente a una sorta di monitor che, a seconda dello stato di tensione della batteria, accende o spegne un interruttore. Un regolatore di carica con modulazione dell'ampiezza degli impulsi dovrebbe essere sempre utilizzato quando la tensione dei moduli fotovoltaici interconnessi è simile alla tensione della batteria di accumulo (ad esempio, il circuito fotovoltaico fornisce ~ 12V e la batteria di accumulo è progettata come un sistema a 12V). Un regolatore di carica PWM è più semplice ed economico di un regolatore di carica MPPT e per questo viene utilizzato soprattutto negli impianti fotovoltaici più piccoli.

L'abbreviazione "MPPT" sta per "Maximum Power Point Tracking". Il "Maximum Power Point" è il punto in cui il rapporto tra corrente e tensione è ottimale per la massima produzione di energia. Questo punto cambia a seconda della radiazione solare e il regolatore di carica "MPPT" può tenerne conto. Questo regolatore di carica è molto più costoso di un regolatore di carica PWM, ma è anche molto più efficiente. Soprattutto per gli impianti fotovoltaici più grandi e con una tensione fotovoltaica più elevata, dovresti scegliere un regolatore di carica "MPPT".

Potrebbe anche mancare un convertitore DC-DC nella nostra configurazione precedente, come descritto in uno dei capitoli precedenti. Tuttavia, come detto, questo è necessario solo se la tensione tra il circuito del modulo fotovoltaico e la batteria di accumulo non corrisponde. Se così fosse, avremmo bisogno di un convertitore DC-DC se decidessimo di utilizzare un regolatore di carica PWM. Se invece optiamo per un regolatore di carica "MPPT", la maggior parte dei dispositivi ha già un convertitore di tensione DC-DC incorporato internamente, quindi possiamo risparmiare un componente aggiuntivo.

Quindi, come possiamo calcolare le dimensioni del regolatore di carica per il nostro sistema? Non è così complicato.

Per prima cosa, dobbiamo selezionare il regolatore di carica in base all'amperaggio [A] richiesto. Per farlo, dobbiamo semplicemente dividere la potenza totale dei nostri moduli fotovoltaici [Wp] per la tensione [V] della batteria di accumulo. Nel nostro esempio, selezionando 2 moduli fotovoltaici da 330 Wp, questo significherebbe: 660 Wp / 24 V = 27,5 A. Il regolatore di carica solare dovrebbe quindi fornire una corrente di carica di almeno 28 A. Questo calcolo mostra anche perché ha più senso scegliere una tensione di batteria più alta per impianti fotovoltaici più grandi o con una potenza [Wp] più elevata. Se avessimo scelto una tensione di sistema di 12 V per 660 Wp, avremmo avuto bisogno di un regolatore di carica significativamente più alto (circa il doppio del costo) con 660 Wp / 12 V = 55 A. Con un sistema da 1500 Wp, ad esempio, avremmo bisogno di un regolatore di carica da 125 A per una tensione della batteria di 12V. Questi regolatori di carica di grandi dimensioni sono molto costosi e possono essere evitati programmando una tensione di sistema più elevata. Con una tensione della batteria di 24 V, ad esempio, sarà sufficiente un regolatore di carica da 62,5 A, mentre con una tensione della batteria di 48 V sarà sufficiente un regolatore di carica da 31,25 A. Questi sono significativamente più economici.

In secondo luogo, dobbiamo verificare se il regolatore di carica scelto è progettato per la corrente totale massima del collegamento del nostro modulo fotovoltaico. Per farlo, cerchiamo questo valore nella scheda tecnica del regolatore di carica e confrontiamolo con la somma delle correnti di tutti i moduli fotovoltaici collegati in parallelo. Poiché, come sappiamo, le singole correnti si sommano in un collegamento in parallelo, la tensione rimane la stessa. Naturalmente, anche la tensione del circuito del modulo deve corrispondere alla tensione di ingresso del regolatore di carica. Questo è importante soprattutto nel caso di un collegamento in serie di moduli fotovoltaici, perché in questo caso - come già sappiamo - le singole tensioni si sommano, ma la corrente rimane la stessa.

Nel nostro caso, il regolatore di carica solare "BlueSolar MPPT 100/30" con tensione della batteria di 12 V o 24 V (si regola automaticamente) e corrente di carica di 30A sarebbe adatto come regolatore di carica MPPT. Qui è possibile applicare una tensione fotovoltaica fino a 100V.

5.1.6 Passo 6: Inverter

Per poter alimentare le utenze a 230V con il nostro impianto fotovoltaico, abbiamo ancora bisogno di un inverter. In questo caso, dovremmo scegliere un inverter a onda sinusoidale pura, in quanto rappresenta al meglio la corrente domestica. Esistono anche inverter rettangolari e trapezoidali. Per il dimensionamento dell'inverter dobbiamo sommare tutte le utenze per determinare la potenza massima. Ovviamente non tutti i consumatori saranno sempre accesi nello stesso momento, ma per il dimensionamento assumiamo lo scenario peggiore (tutti i consumatori accesi nello stesso momento). Nel nostro caso, il risultato sarebbe questo:

P_{max} = 50 W + 20 W + 40 W + 90 W = 180 W

A tal fine, ricordiamo i consumatori previsti con i seguenti valori:

Frigorifero	50 W
Illuminazione	20 W
TV	40 W

Presa di corrente (PC)	90 W

In questo caso dobbiamo considerare solo le utenze che devono essere collegate alla rete elettrica a 230V, cioè all'inverter. Possiamo omettere i dispositivi con alimentazione a 12 o 24 V, in quanto non possono essere alimentati dall'inverter, ma direttamente (o tramite convertitore di tensione e fusibile di protezione) dalla batteria di accumulo o dal regolatore di carica solare.

Poiché nella conversione della corrente continua in corrente alternata dobbiamo tenere conto anche delle perdite, prevediamo una riserva - a seconda dell'inverter. Ad esempio, supponiamo che il nostro inverter abbia un'efficienza dell'88% (vedi la scheda tecnica del produttore). In generale questo significa: P_{max} / efficienza = potenza richiesta. Nel nostro caso questo significa: 180W / 88 % = 204,54 watt. Non devi dimensionare l'inverter in modo troppo stretto e sceglierne uno più grande, altrimenti dovrai acquistarne uno nuovo quando espanderai l'impianto fotovoltaico. Anche la temperatura influisce sulla potenza (vedi scheda tecnica).

Nel nostro caso, ad esempio, sarebbe in discussione un inverter "Phoenix" 24/500. Il numero 24 sta per 24V, il numero 500 per VA (1 VA = 1 Watt), cioè per la potenza (abbiamo bisogno di almeno 204,54 Watt). Questo inverter converte i 24V in una tensione sinusoidale pura di 230V.

https://greenakku.de/Wechselrichter/Offgridwechselrichter/Victron-Phoenix-Wechselrichter/Phoenix-Wechselrichter-24-500-230V-VE-Direct::816.html

5.1.7 Passo 7: Collegamento o impostazione del sistema

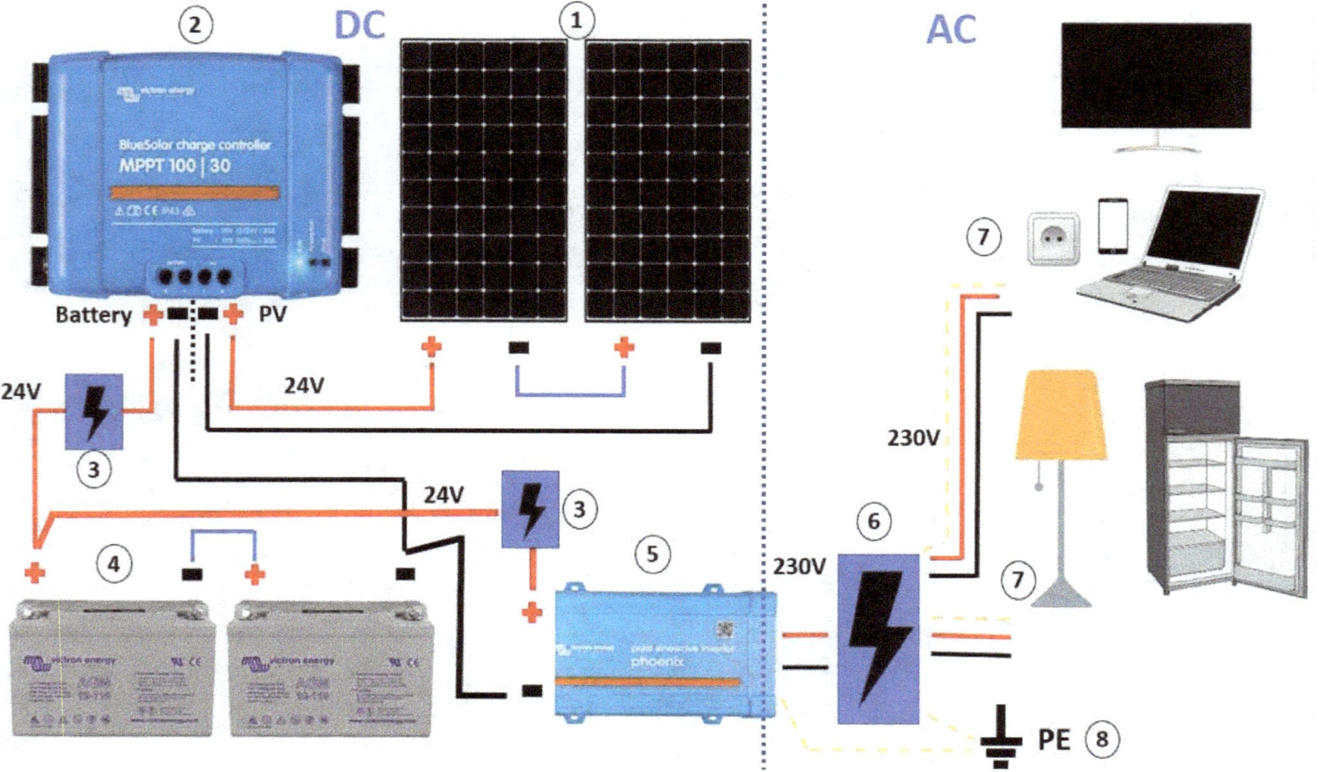

Ora passiamo al cablaggio dei componenti del nostro mini impianto fotovoltaico. Come mostrato nell'illustrazione, la corrente proviene dai moduli fotovoltaici, che colleghiamo in serie **(1)** tramite speciali cavi solari al regolatore di carica **(2)** (collegamento: "PV = Photovoltaic"). Anche la batteria **(4)** è collegata in serie (2 - 12 V = 24 V) e viene caricata tramite il regolatore di carica **(2)**. **Nel** mezzo è installato un fusibile DC **(3)**. L'inverter **(5)** preleva la corrente continua - tramite un fusibile **(3)** - direttamente dalla batteria di accumulo. Entrambi i fusibili **(3)** devono essere installati il più vicino possibile al polo ("+") della batteria. Dopo la conversione alla corrente alternata, è necessario installare una scatola di fusibili AC con interruttori automatici. È necessario considerare anche un'adeguata messa a terra **(8)**. Infine, la corrente raggiunge i consumatori **(7)**.

Assicurati che la capacità delle batterie che colleghi in serie sia la stessa (ad esempio 110 Ah ciascuna). Assicurati anche di scegliere le sezioni dei cavi e i fusibili corretti. Assicurati di chiedere il parere di un elettricista se non sei sicuro di come procedere per il tuo progetto. Nel peggiore dei casi, una progettazione non corretta potrebbe causare incendi o lesioni personali!

La sezione del filo dipende da alcuni parametri come la lunghezza, l'amperaggio e la tensione e può essere calcolata utilizzando le seguenti formule:

Calcolo della sezione del conduttore per la **corrente continua:**

$$A = \frac{2 \cdot l \cdot I}{\gamma \cdot U_a}$$

Calcolo della sezione del cavo per la **corrente alternata monofase:**

$$A = \frac{2 \cdot l \cdot I \cdot \cos\varphi}{\gamma \cdot U_a}$$

dove A = sezione del conduttore [mm²], l = lunghezza del conduttore [m], I = intensità di corrente [A], γ = conduttività del conduttore [S/m], U_a = caduta di tensione ammissibile del cavo in %, cos φ = fattore di potenza.

In alternativa, puoi anche cercare online un programma di calcolo adatto in cui inserire semplicemente i parametri.

In un impianto più piccolo da 12 o 24 V o in un impianto fotovoltaico con un regolatore di carica con una corrente di carica inferiore, spesso c'è un'uscita di corrente aggiuntiva direttamente sul regolatore di carica. I piccoli consumatori possono essere collegati qui. Questo deve essere distribuito o fuso attraverso un distributore DC **(9)**. La configurazione potrebbe essere modificata come segue. Il lato AC (corrente alternata) può essere preso in considerazione, come in precedenza, se necessario.

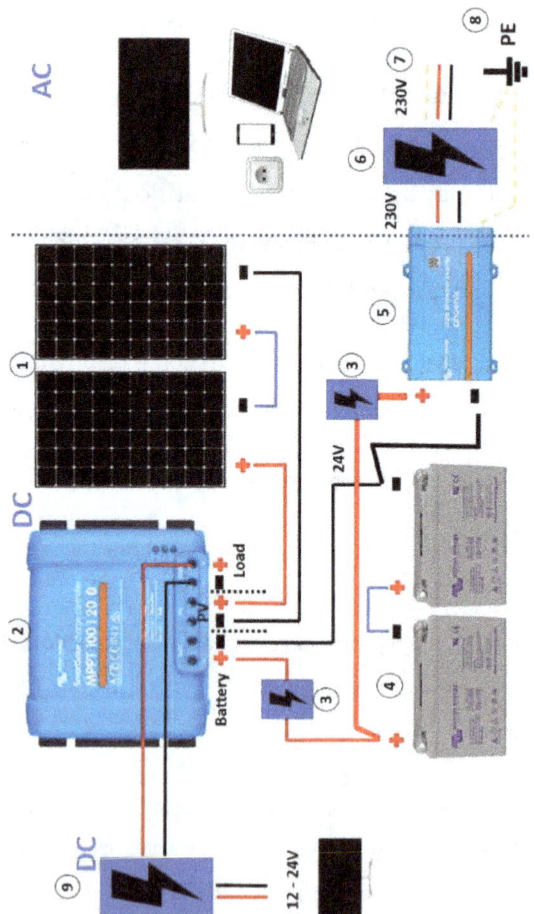

Tuttavia, i dispositivi con un'elevata corrente di avviamento (asciugacapelli, pompa, frigorifero) che possono funzionare a 12 o 24 V (per lo più dispositivi da campeggio) non dovrebbero essere collegati all'uscita "Load" del regolatore di carica, ma direttamente alla batteria di accumulo - tramite una scatola di fusibili DC. Il collegamento all'uscita "Load" del regolatore di carica, invece, ha il vantaggio di disconnettersi quando la carica della batteria è troppo bassa e quindi protegge dalla scarica profonda.

6 Pianifica un impianto fotovoltaico per la tua casa

Finora abbiamo imparato molto sulla pianificazione e la progettazione di un impianto fotovoltaico autonomo. In questo capitolo vedremo come progettare un impianto fotovoltaico connesso alla rete per una casa.

Come già detto, il supporto di un esperto di fotovoltaico o di un elettricista è di grande importanza per il tuo progetto individuale. Un impianto fotovoltaico con immissione in rete deve comunque essere collegato da un elettricista. Pertanto, considera questo capitolo come una base puramente informativa.

Di seguito, procederemo ancora una volta passo dopo passo. Alcuni aspetti saranno simili alla pianificazione di un sistema a isola, altri saranno nuovi.

6.1 Fase 1: Verifica del sito di installazione o della superficie del tetto

Il primo passo per pianificare un impianto fotovoltaico è verificare la superficie del tetto o del luogo in cui verrà installato l'impianto. Non devi necessariamente installare un impianto fotovoltaico sul tetto della tua casa, puoi anche montare l'impianto sul tetto del tuo garage o vicino al terreno. In questo caso, però, bisogna tenere presente che gli ostacoli presenti nell'area circostante (alberi, altre case, la propria casa nel caso del tetto del garage, ...) possono contribuire all'ombreggiamento di un luogo basso. La posizione dovrebbe quindi essere la più alta possibile o protetta dalle ombre e, supponendo che ci troviamo nell'emisfero settentrionale, dovrebbe essere rivolta verso sud, in quanto è qui che la durata del sole può essere massimizzata. Tuttavia, è possibile accettare una deviazione fino al 30% in direzione est o ovest. A seconda di come vuoi utilizzare l'elettricità prodotta (immissione in rete, uso proprio, uso misto), puoi valutare come procedere. Puoi equipaggiare l'intera area utilizzabile del sito selezionato con moduli fotovoltaici per ottenere la massima potenza possibile per il sito, o in alternativa installare solo il numero di moduli fotovoltaici che coprono il fabbisogno elettrico desiderato (ad esempio il tuo). In entrambi i casi, in questa prima fase dovresti farti un'idea della superficie massima disponibile (ad esempio quella del tetto) misurandola. Da un lato, puoi farlo manualmente con un metro, ma dall'altro puoi anche utilizzare un software di pianificazione adatto su un PC per farlo o calcolarlo. C'è anche la possibilità di far misurare la superficie del tetto con i droni, ad esempio. Nel caso di un tetto piatto, è relativamente semplice; in questo caso puoi considerare l'area del pavimento della casa come l'area del tetto. Se si conosce l'inclinazione del tetto, si può calcolare anche l'area disponibile. Esistono molti programmi di calcolo online per questo scopo. Tra poco vedremo nel dettaglio un ottimo programma di calcolo. Bisogna anche tenere conto, ad esempio, del camino o di altri elementi del tetto che riducono l'area di installazione disponibile. Ovviamente bisogna anche verificare se il tetto è in grado di sopportare il carico fotovoltaico aggiuntivo. Per questo è necessario consultare un esperto (ad esempio un ingegnere strutturale). Con un tetto moderno, tuttavia, di norma non dovrebbero esserci problemi.

Prima di proseguire con i passi successivi per la progettazione del nostro impianto fotovoltaico, analizzeremo brevemente e in modo più dettagliato la determinazione dell'irraggiamento solare per un luogo specifico.

6.2 Fase 2: Verifica dell'irraggiamento

In linea di principio, la generazione di elettricità solare dipende direttamente dall'irraggiamento di una determinata area. La scelta del luogo costituisce quindi un fattore fondamentale per il successivo successo della produzione di energia solare. Come già sappiamo, l'irraggiamento è generalmente espresso in kWh/m² e indica la quantità di potenza luminosa per metro quadro che colpisce un'area.

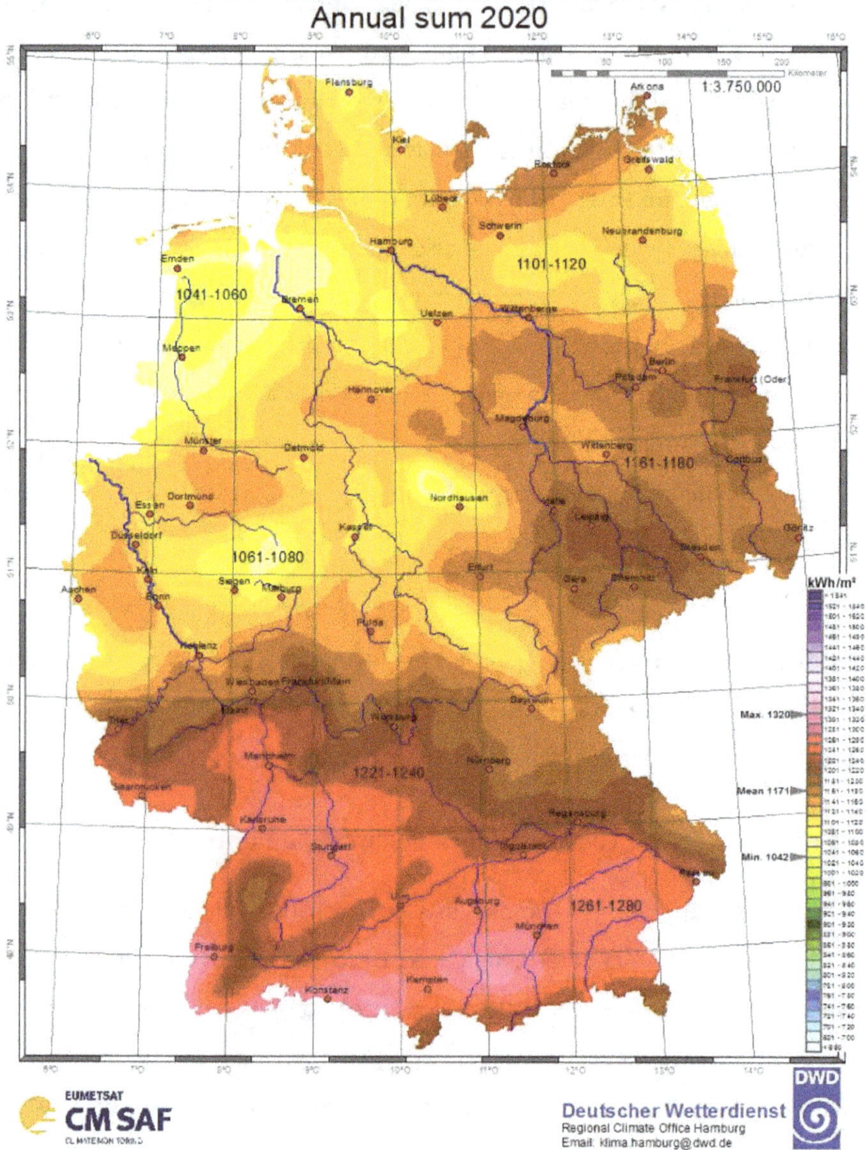

Per determinare l'irraggiamento di una certa area, possiamo utilizzare la pagina https://globalsolaratlas.info/ (o lo strumento "PVGIS" come nel capitolo precedente). Basta inserire le coordinate o il nome dell'area e verrà visualizzato il valore dell'irraggiamento.

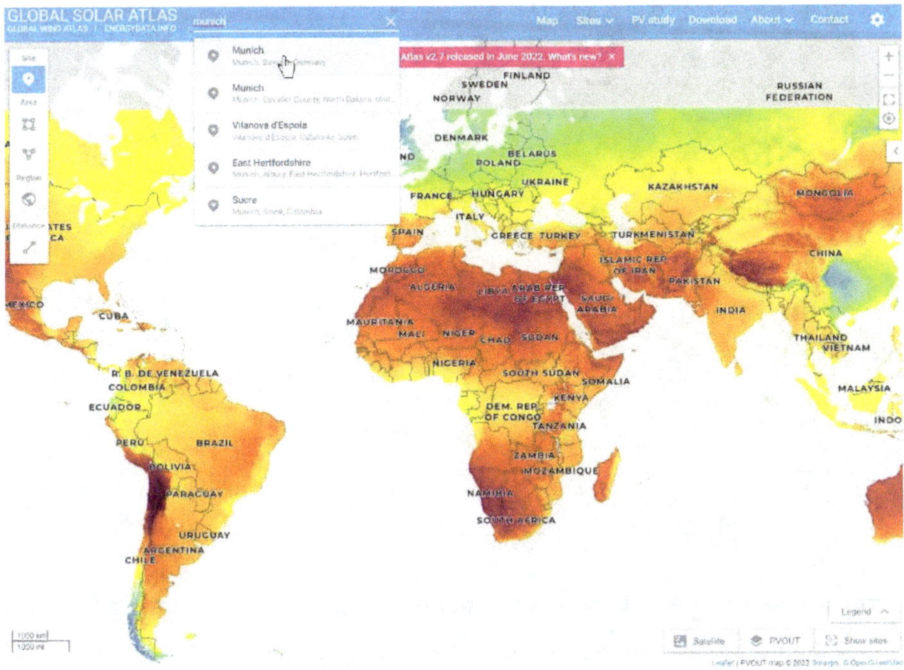

Dopo aver inserito la località desiderata e aver aperto la barra laterale sulla destra, possiamo visualizzare le informazioni desiderate. Vengono visualizzati i seguenti parametri:

- Potenza fotovoltaica specifica
- Irradiazione normale diretta
- Irradiazione orizzontale globale
- Irradiazione orizzontale diffusa
- Irradiazione globale inclinata con angolo ottimale
- Inclinazione ottimale dei moduli fotovoltaici, temperatura dell'aria e metri di altitudine

91

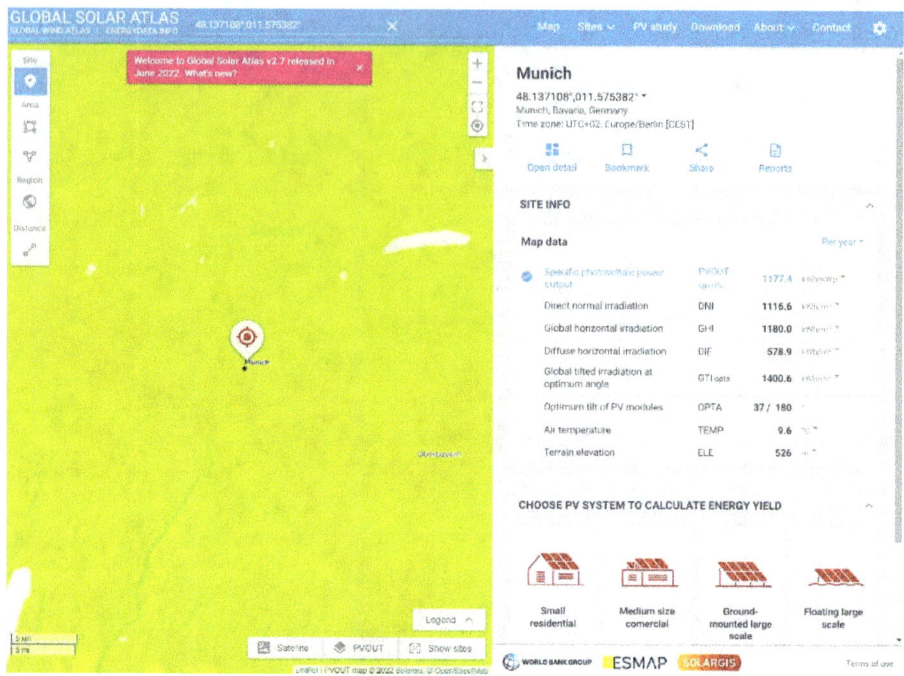

L'irraggiamento varia in base al movimento del sole durante l'anno. L'angolo del sole varia tra i 23,5 gradi positivi del solstizio d'estate e i 23,5 gradi negativi del solstizio d'inverno.

Radiazione globale (radiazione solare diretta + diffusa):

L'irraggiamento solare si divide in irraggiamento solare diretto e diffuso e viene indicato con il termine irraggiamento globale. L'irraggiamento varia nel corso dell'anno e dipende dalle condizioni meteorologiche e dalla posizione dell'area in questione. La radiazione diffusa è causata dalla dispersione della luce da parte delle nuvole o della nebbia. Le radiazioni dirette, invece, colpiscono la superficie terrestre direttamente, senza dispersione.

Inclinazione dei moduli fotovoltaici:

I moduli fotovoltaici sono inclinati con un certo angolo per sfruttare al massimo la radiazione solare. Abbiamo già affrontato questo argomento nell'esempio del sistema autonomo nel capitolo precedente. Per far funzionare l'impianto fotovoltaico tutto l'anno, possiamo anche verificare l'inclinazione ideale dei pannelli fotovoltaici utilizzando il sito web https://globalsolaratlas.info/. L'inclinazione ottimale ci viene mostrata come "Optimum tilt of PV-modules". Se l'impianto fotovoltaico viene installato sul tetto della casa, invece, in genere si rinuncia all'angolo ottimale e ci si limita a installare gli impianti fotovoltaici parallelamente all'inclinazione del tetto già specificata per vari motivi (sforzo, costi, estetica...).

Possiamo anche chiedere a questo sito web di calcolare i valori medi annuali che possiamo ottenere con un impianto fotovoltaico in un luogo specifico. Per farlo, selezioniamo il caso d'uso nell'area in basso a destra, ad esempio "Small residential" e in questo modo otterremo i valori medi annuali. Cliccando sulla piccola ruota dentata blu con la dicitura "Change PV system" possiamo regolare i valori iniziali per il calcolo.

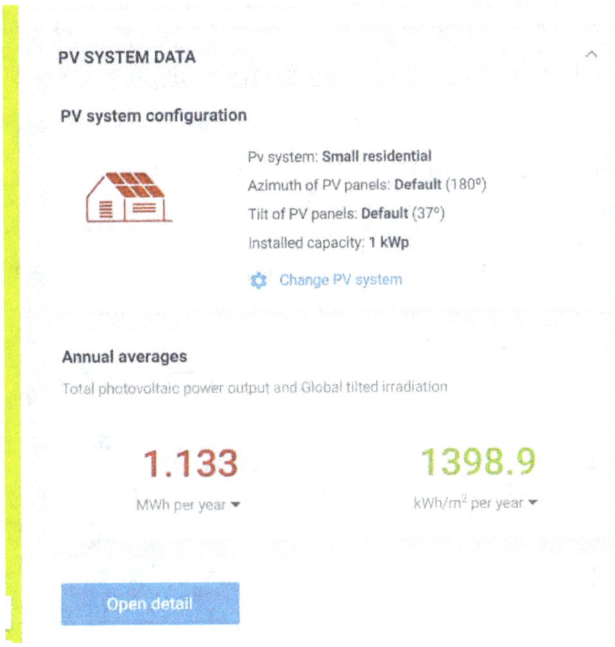

6.3 Fase 3: Verifica del consumo di corrente o del carico da collegare

Dopo aver scelto la nostra posizione e averla verificata per quanto riguarda l'irraggiamento solare, passiamo alla terza fase della progettazione. Questa fase consiste nel calcolare il consumo di elettricità della tua famiglia. Questa fase è molto simile all'esempio precedente del sistema autonomo. Tuttavia, ci sono alcune differenze.

Distinguiamo due casi. Nel primo caso, consideriamo la progettazione di un impianto fotovoltaico <u>senza</u> batteria di accumulo e per l'autoconsumo dell'elettricità. Per farlo, devi elencare tutte le utenze critiche (frigorifero, lavatrice, fornelli elettrici, ...) che vorresti far funzionare durante il giorno con l'impianto fotovoltaico. Per farlo, crea una tabella con una colonna per il nome dell'apparecchio, una colonna per la richiesta di energia [W] e una colonna per la durata di utilizzo [h]. Dopo aver elencato tutti i dispositivi, prendi nota del numero di ore al giorno in cui questi dispositivi sono accesi durante le ore di sole. In questo caso consideriamo solo il tempo durante il giorno, perché un sistema fotovoltaico (senza batteria di accumulo) fornisce elettricità solo durante le ore di sole. La terza fase del calcolo del carico consiste nel determinare il wattaggio dei singoli elettrodomestici in base alle informazioni riportate sulla targhetta e inserirle nella tabella. Ora calcola il fabbisogno energetico totale in wattora moltiplicando la potenza degli elettrodomestici per le ore di funzionamento. Ad esempio, potrebbe essere così:

Dispositivo	Domanda di energia [W]	Ore di utilizzo [h]	Fabbisogno energetico totale al giorno [Wh]
Frigorifero	150	4	600
Lavatrice	1500	3	4500
Cucina elettrica	2500	1	2500
PC	100	3	300

...		Totale:	= 7900 Wh = 7,9 kWh

Dopo aver calcolato il carico totale in watt e la richiesta totale di energia in wattora, possiamo stimare la capacità del nostro sistema solare.

Nel secondo caso, consideriamo la progettazione di un impianto fotovoltaico con batteria di accumulo e per l'autoconsumo dell'elettricità. In questo caso, possiamo semplificarci la vita rispetto al primo caso. Per stimare il fabbisogno energetico totale, possiamo semplicemente dare un'occhiata al nostro contatore elettrico. Il contatore elettrico si trova nel quadro elettrico della nostra casa e conta il consumo di elettricità dell'intera abitazione in kWh. Per farlo, prendiamo nota del valore attuale in un giorno medio, aspettiamo 24 ore e poi leggiamo di nuovo il valore. In questo modo si ottiene in modo semplice e veloce il fabbisogno energetico totale di un giorno medio in kWh. Se ora moltiplichiamo la differenza tra le due letture per 365, otteniamo il fabbisogno medio di elettricità della nostra famiglia per un anno in kWh. Se vuoi avere informazioni più precise, puoi anche dare un'occhiata a una vecchia bolletta dell'elettricità. In questo caso, il valore è indicato per un periodo di fatturazione (ad esempio 1 anno). Per il consumo medio di elettricità al giorno, possiamo anche dividere questo valore per 365.

6.4 Fase 4: Pianificazione dettagliata

Ora che abbiamo affrontato le fasi fondamentali della progettazione, possiamo passare alla pianificazione dettagliata dell'impianto fotovoltaico. A tal fine, utilizzeremo il programma di calcolo "PV*SOL" o "PV*SOL premium" della società "Valentin Software". Esiste una versione di prova di 30 giorni, un periodo sufficiente per una pianificazione non commerciale della propria casa. Scarica il software al seguente indirizzo: https://valentin-software.com/en/downloads/. Ci sono anche molti tutorial su questo software.

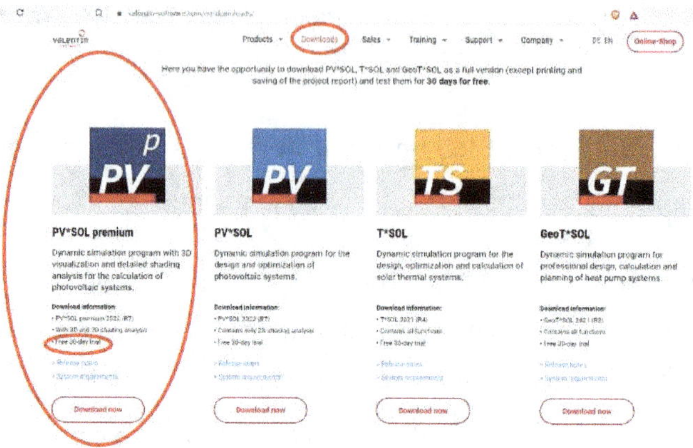

Questo software ci guiderà passo dopo passo nella pianificazione dettagliata. Dopo aver avviato il software, nella barra dei menu dell'area superiore vedremo diversi pulsanti, ognuno dei quali rappresenta una fase della pianificazione. Partiamo dall'estrema sinistra e andiamo verso destra. Il primo pulsante, tuttavia, serve solo per la schermata iniziale, dove puoi vedere le notizie sul software, i progetti di esempio, richiamare i progetti salvati e creare nuovi progetti.

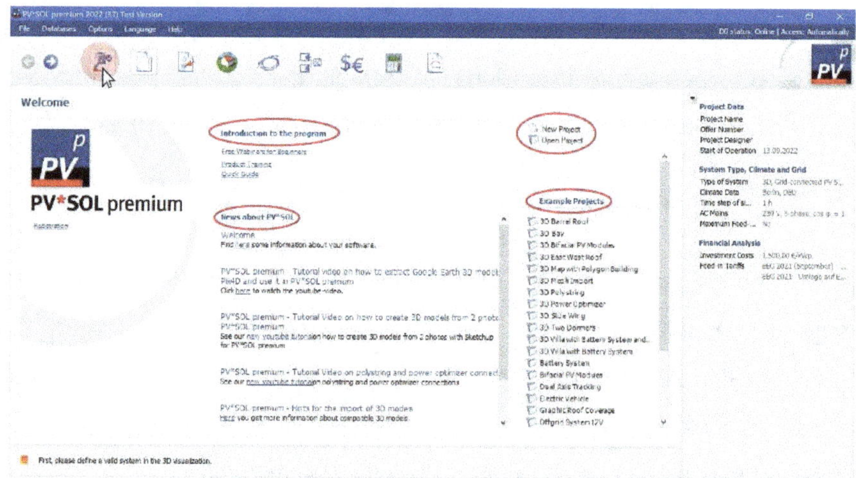

Iniziamo quindi con il secondo pulsante. Qui possiamo inserire il nome e la descrizione del progetto. Tuttavia, in questo caso non abbiamo bisogno dei dati del cliente o del numero dell'offerta.

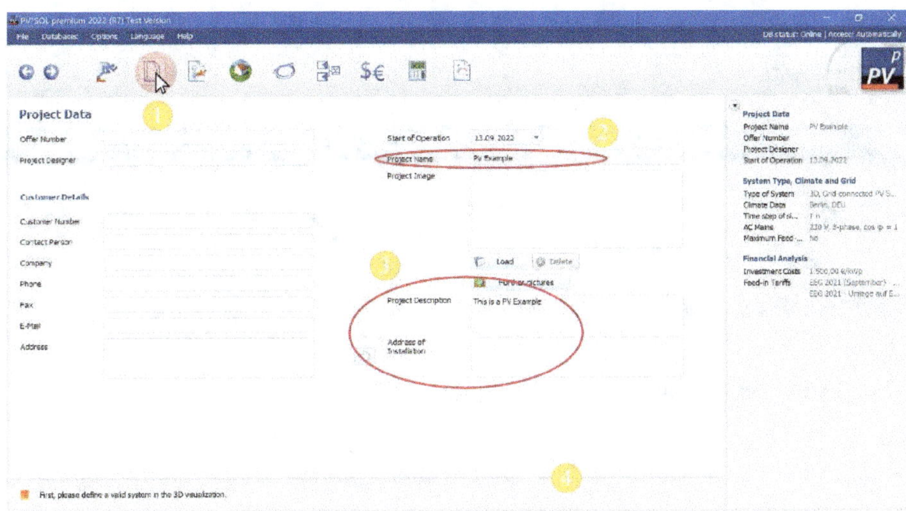

Poi passiamo al terzo pulsante. Qui possiamo impostare il tipo di sistema, inserire le informazioni sulla località e sulla rete elettrica.

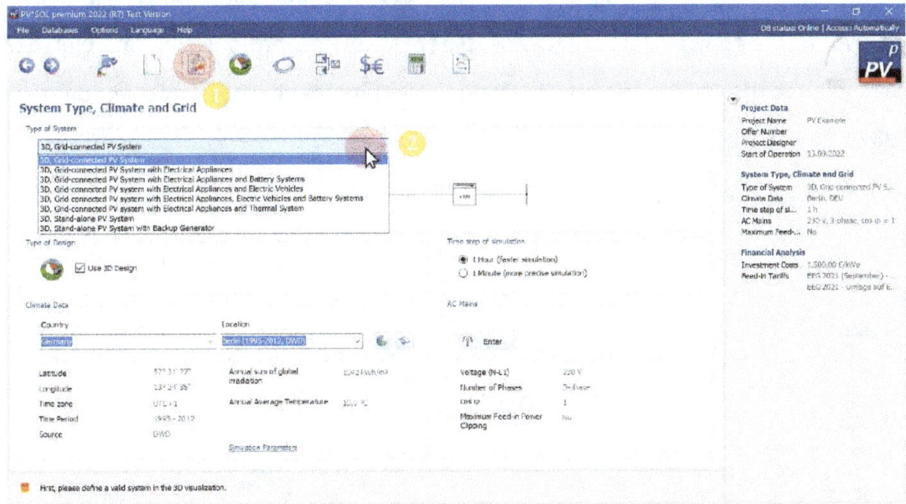

Ad esempio, selezioniamo un impianto fotovoltaico connesso alla rete con elettrodomestici collegati (consumatori), cioè il tipo "3D, Grid-connected PV-System with Electrical Appliances" nel menu a discesa. Se vogliamo anche l'accumulo di batterie, selezioniamo la stessa opzione con l'aggiunta di "… and Battery Systems".

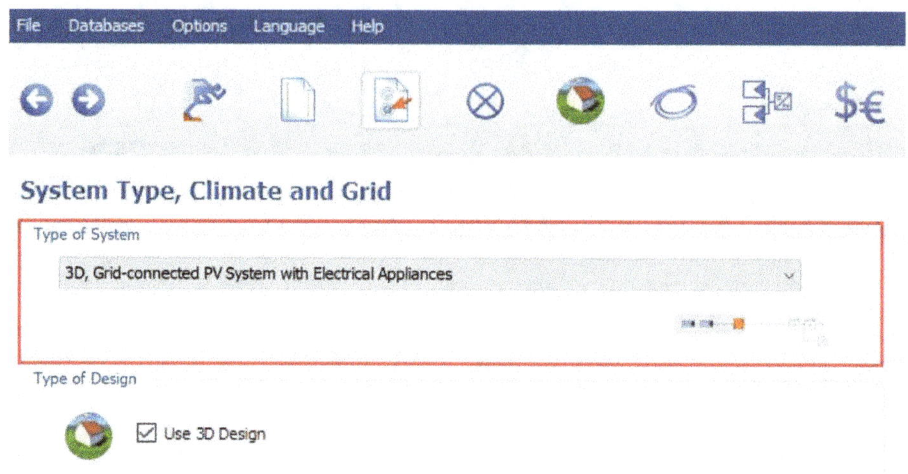

Nella sezione inferiore, aggiungiamo il paese e la posizione **(1)** **dell**'impianto fotovoltaico e controlliamo sul lato destro **(2)** se le informazioni sulla rete elettrica sono corrette. Se le informazioni non sono corrette, possiamo modificarle cliccando su "Enter".

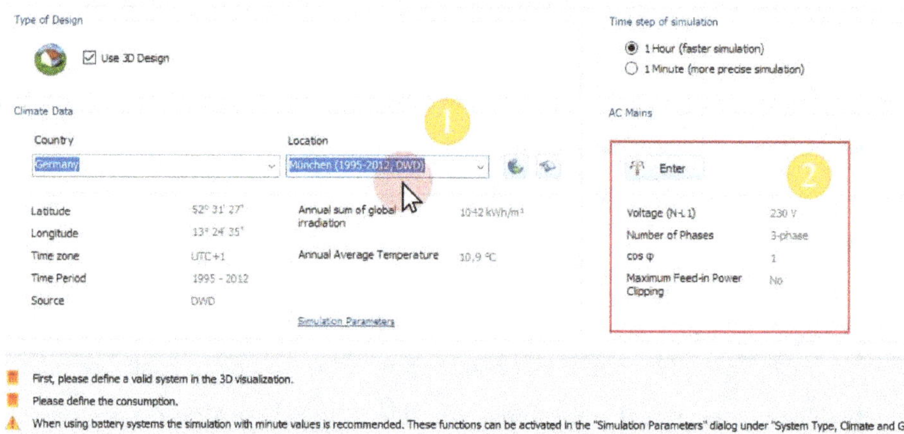

Nella fase successiva **(1)** dobbiamo inserire il nostro consumo di elettricità. Per farlo, clicca sul menu a tendina "Add consumption" **(2)** e seleziona l'opzione "Load profiles / individual appliances". Nell'area di destra (incorniciata in rosso), vengono visualizzate le voci precedenti o i valori segnaposto per il nostro progetto per tutti i passaggi.

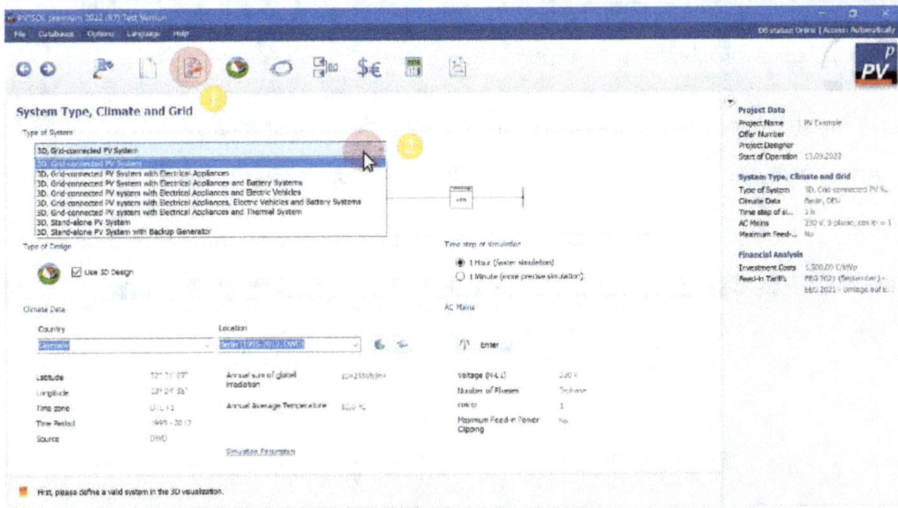

Si apre quindi una finestra in cui selezionare lo scenario che meglio descrive la nostra famiglia, ad esempio una famiglia con 2 adulti e 2 bambini **(2), nell'**opzione "Load profiles (from measured values)" **(1).**

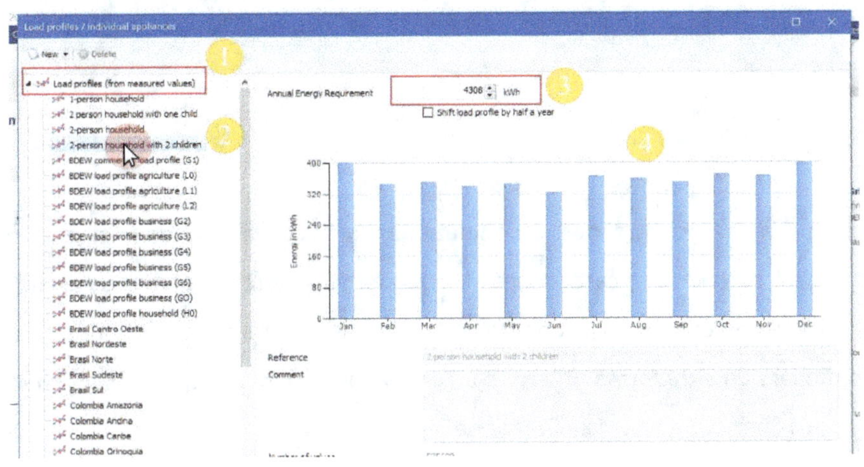

Nel campo "Annual Energy Requirement" viene inserito un valore standard, che possiamo sostituire con il valore che abbiamo letto o calcolato per la nostra casa in base alla bolletta elettrica. Il programma suddivide questo consumo annuale - a seconda del profilo di carico - come mostrato nel grafico a barre **(4).** Nel nostro caso, ad esempio, lasciamo i 4308 kWh.

Nel passo successivo, catturiamo il progetto della nostra casa e dell'impianto fotovoltaico. Per farlo, creiamo una visualizzazione 3D cliccando sul pulsante "Edit".

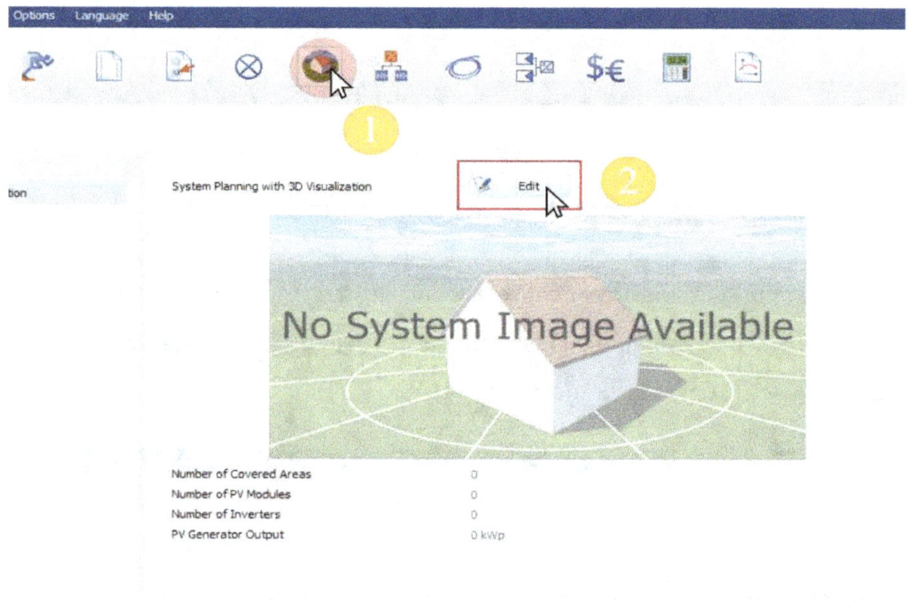

Si apre una finestra in cui possiamo selezionare la casa o la posizione dell'impianto fotovoltaico. Nel nostro caso, dovrebbe trattarsi di un tetto a capanna, ad esempio. Selezioniamo quindi l'opzione "Gabled Roof". Naturalmente, puoi anche selezionare un'altra forma di tetto o un'area aperta. Dopo la selezione, clicchiamo su "Start" per avviare la visualizzazione 3D.

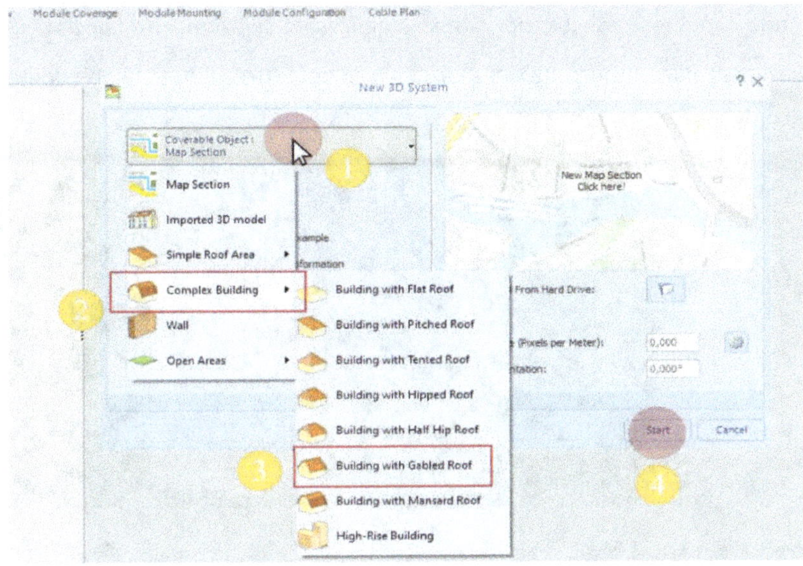

Nella visualizzazione 3D otteniamo il modello della nostra casa. Possiamo anche aggiungere altre case, ma anche alberi o muri con i pulsanti dell'area superiore per rendere la progettazione il più realistica possibile. È sufficiente trascinare e rilasciare gli elementi desiderati nell'area di visualizzazione. In questo caso, però, ipotizziamo una casa indipendente.

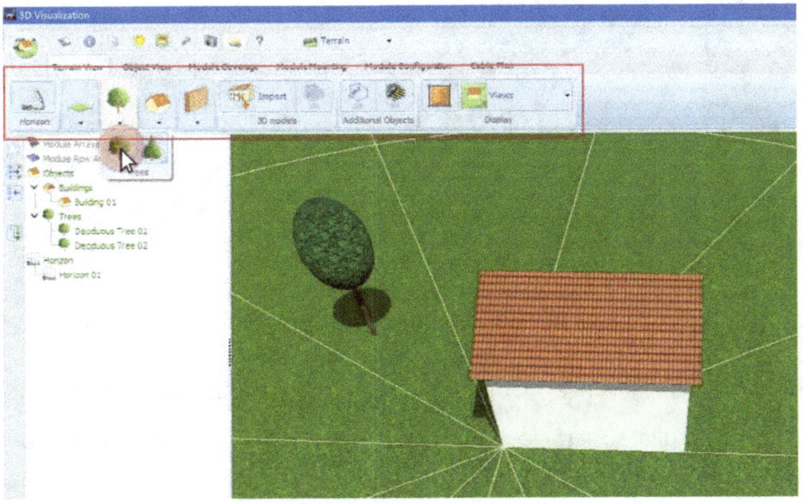

Cliccando con il tasto destro del mouse sulla casa e selezionando l'opzione "Edit" possiamo regolare l'impronta della casa, l'area del tetto e l'inclinazione del tetto.

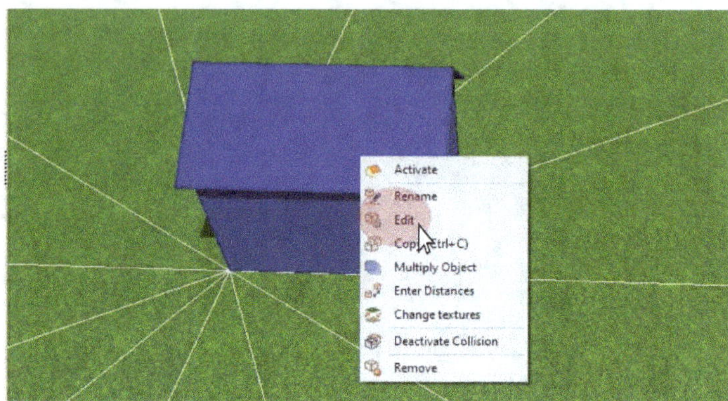

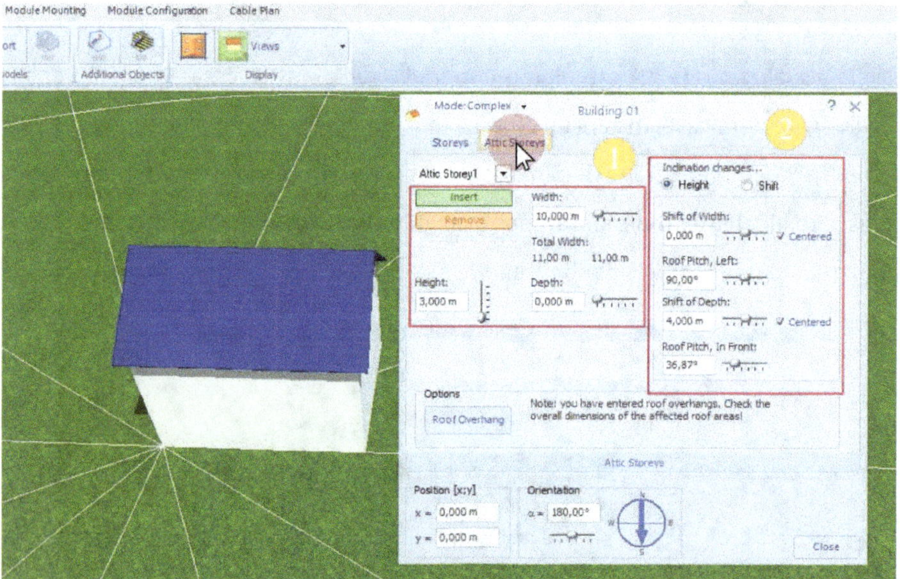

Cliccando sul pulsante "Close" chiudiamo nuovamente le impostazioni.

Selezionando il pulsante "Object View" nell'area superiore, puoi zoomare direttamente sulla superficie del tetto e aggiungere elementi del tetto come camini, lucernari, ecc. Anche in questo caso faremo a meno di questi oggetti.

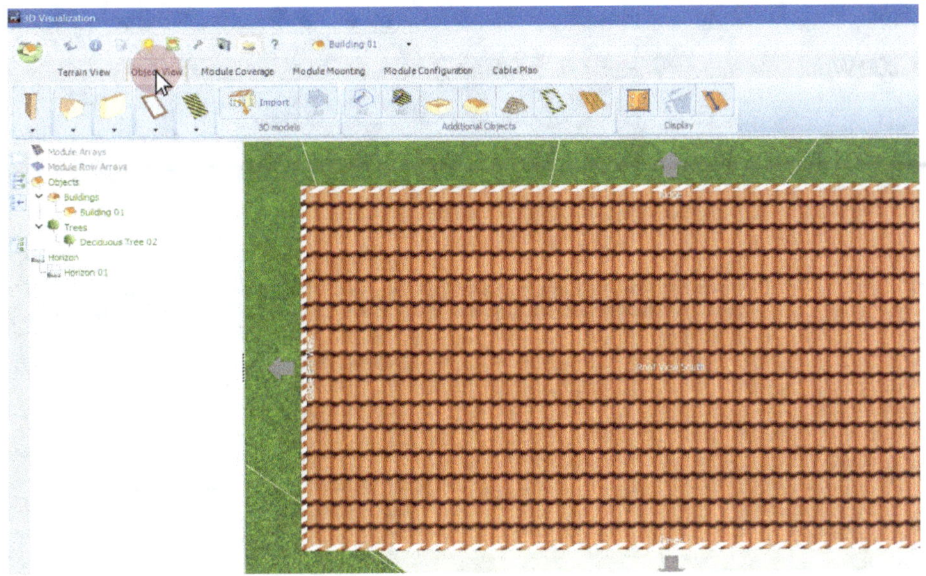

Nella fase successiva possiamo aggiungere moduli fotovoltaici al nostro tetto virtuale. Per farlo, seleziona il menu "Module Coverage" e clicca sul pulsante "New Module".

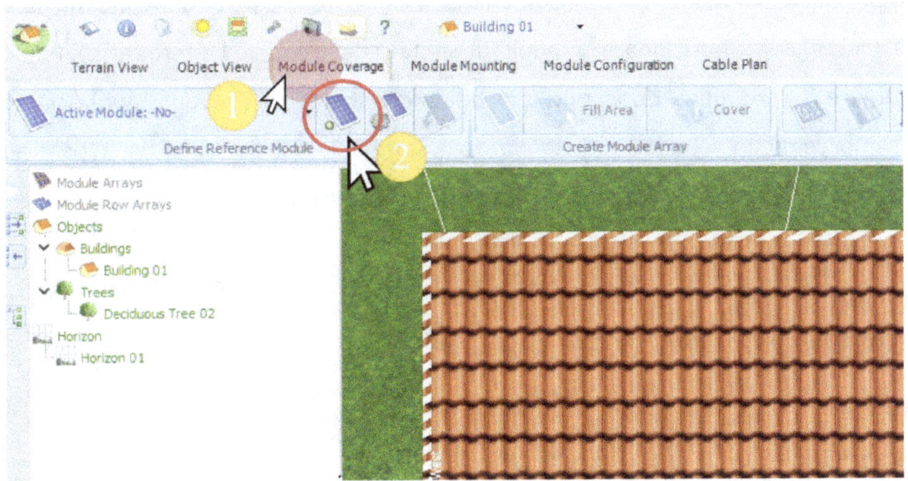

Si apre una finestra in cui possiamo selezionare il modulo fotovoltaico desiderato da un database di vari produttori (incorniciato in rosso). In questo caso, però, selezioniamo semplicemente un modulo fotovoltaico monocristallino standard da 200 Wp.

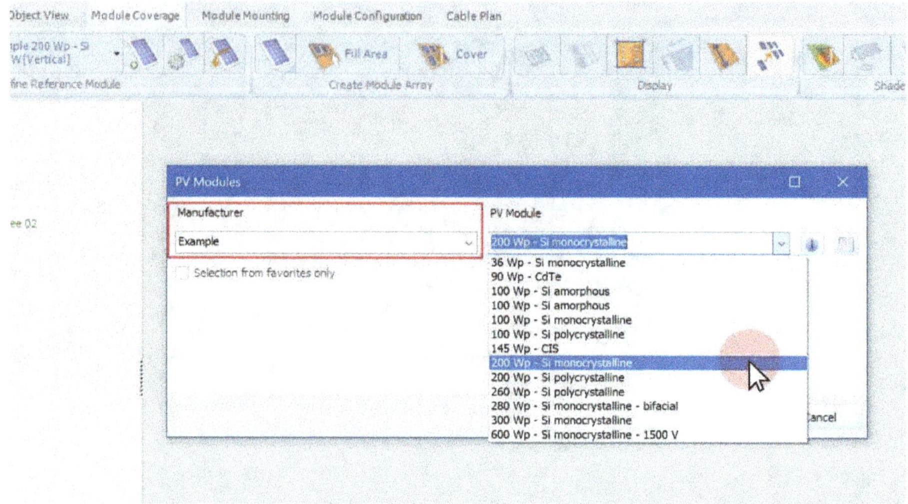

Poiché ora vogliamo utilizzare l'intera superficie del tetto per generare la maggior quantità di elettricità possibile (autoconsumo + surplus di immissione), possiamo selezionare il pulsante "Fill Area" e utilizzare il mouse del PC per disegnare un'area in cui vogliamo posizionare i moduli fotovoltaici (ad esempio l'intero tetto). Prima di fare questo, però, dobbiamo impostare le distanze tra i moduli (qui lasciamo semplicemente i parametri standard) e selezionare il "Installation Type", ad esempio l'opzione "Flush Mount – good rear ventilation".

Confermiamo quindi con "Ok" in modo che il campo fotovoltaico venga posizionato:

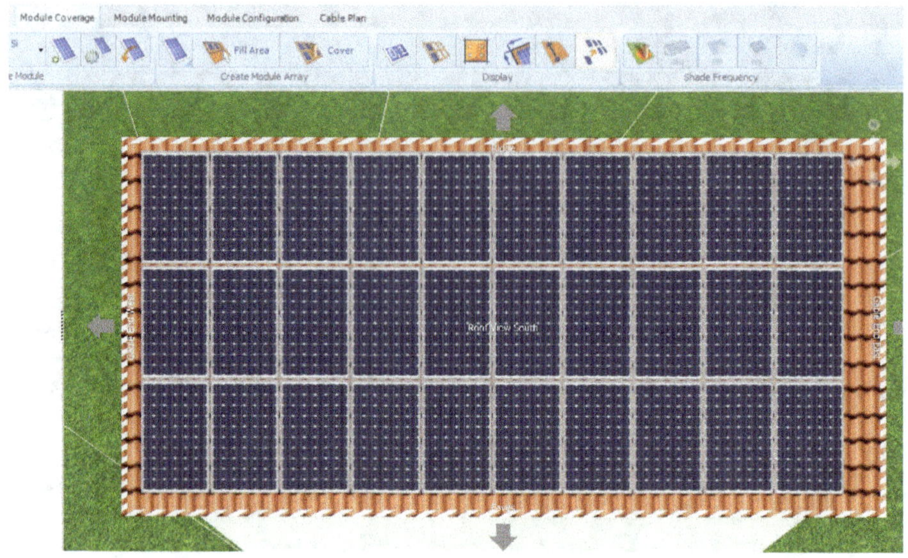

Poi possiamo pianificare il montaggio dei moduli cliccando su "Module Mounting". Tuttavia, in questo esempio salteremo questo passaggio. Nella fase successiva, configuriamo il cablaggio e selezioniamo l'inverter fotovoltaico. Per farlo, clicca sul pulsante "Module Configuration" **(1).** Selezioniamo quindi il pulsante "Configure all Unconfigured Modules in this mounting surface" **(2) in** quest'area per poter selezionare un inverter per i moduli fotovoltaici.

Per farlo, selezioniamo il pulsante "Inverter-Selection" nella finestra che si apre.

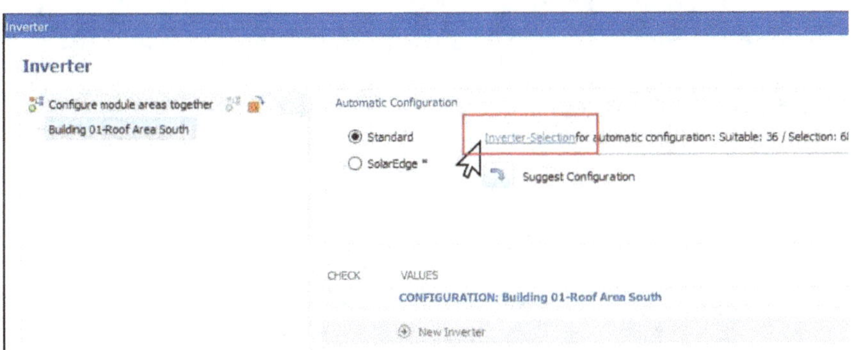

Si apre un'altra finestra. Selezioniamo prima un produttore preferito, ad esempio l'azienda "SMA Solar Technology AG" **(1)** e poi selezioniamo tutti i tipi di inverter dell'azienda dal database per la verifica **(2).**

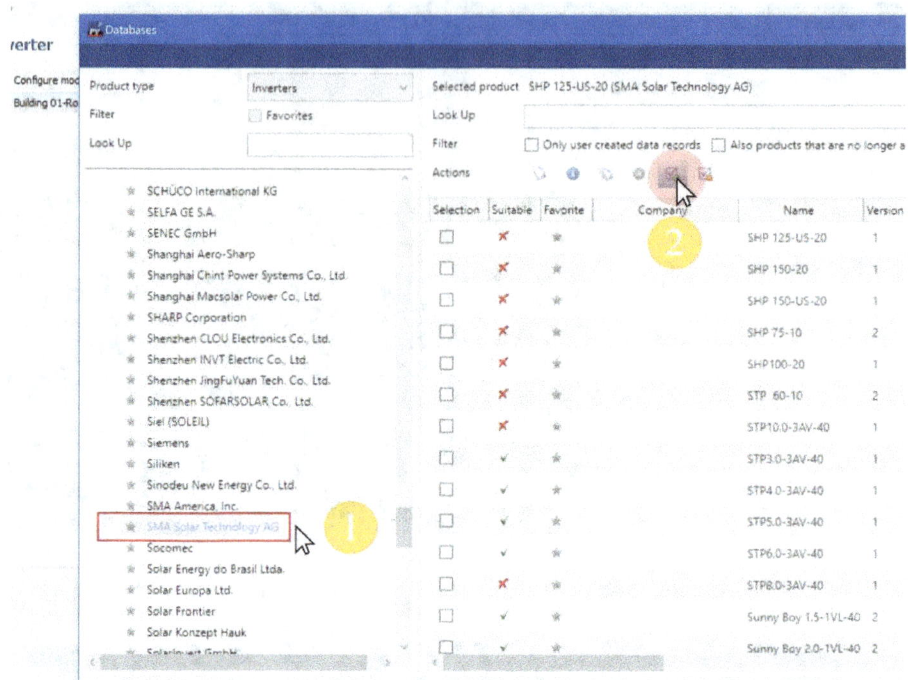

Chiudiamo questa finestra cliccando sul pulsante "Select".

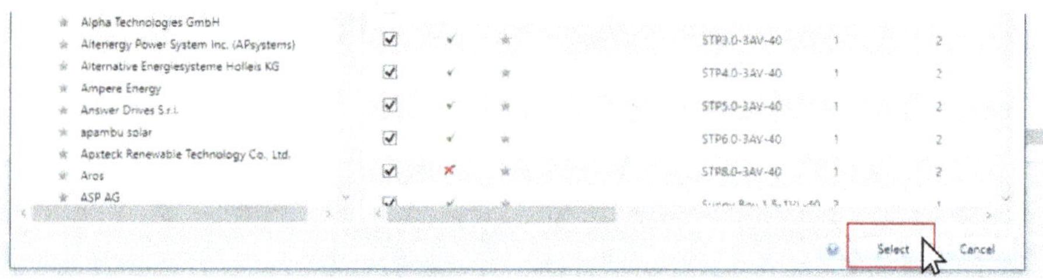

Quindi, facciamo clic su "Suggest Configuration" **(1)** in modo che il programma selezioni automaticamente il collegamento ideale e l'inverter ideale dell'azienda "SMA AG" tra le tante possibilità. Dopo un breve calcolo, vediamo il risultato nell'area inferiore **(2)**. Cliccando su "Select Configuration" possiamo anche selezionare la configurazione manualmente tra un gran numero di possibilità calcolate.

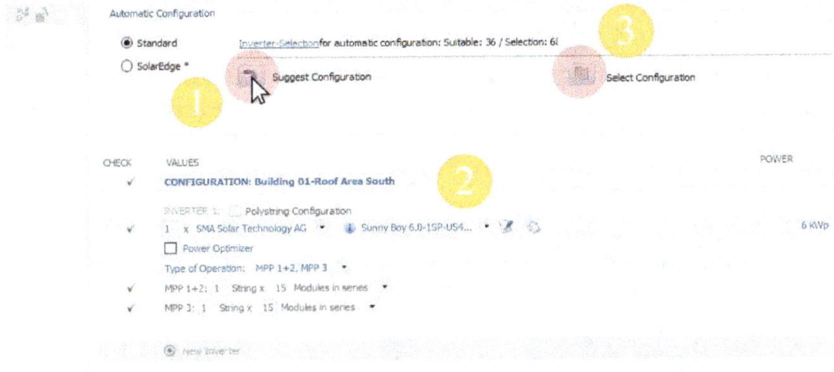

Se vogliamo selezionare una configurazione manualmente, dobbiamo cliccare sul pulsante "Start" **(1)** dopo "Select Configuration" nella finestra che si apre e tutte le configurazioni possibili saranno visualizzate nell'area **(2)**.

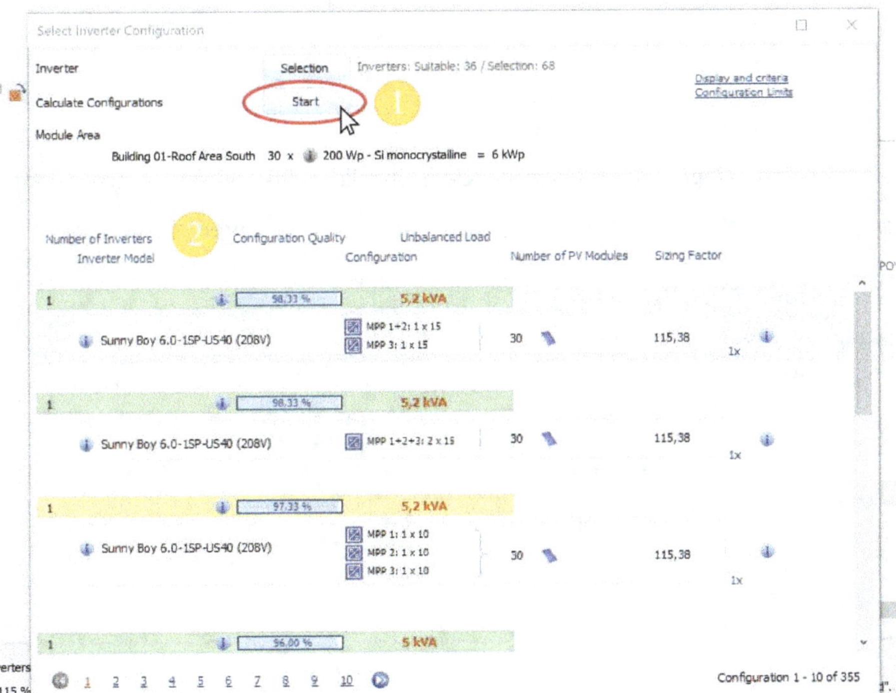

Tuttavia, chiudiamo questa finestra con il pulsante "Cancel" e rimaniamo con la nostra configurazione generata automaticamente. Qui possiamo controllare la selezione automatica cliccando su uno dei segni di spunta o sul pulsante "Check System" nell'area inferiore.

Nella finestra seguente possiamo vedere che l'inverter è progettato in modo sufficientemente ampio e che tutti i valori rimangono nell'intervallo verde.

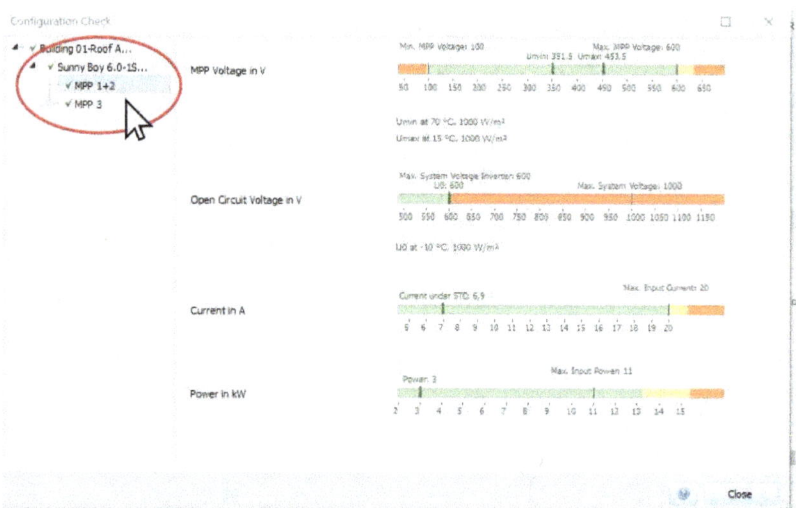

Con il pulsante "Close" torniamo alla finestra iniziale.

Conferma con il pulsante "Ok" nell'area inferiore. Ora viene visualizzata la suddivisione dei moduli in due "Strings" collegate in serie per ogni inseguitore MPP dell'inverter (rosso e arancione):

Con l'ultima voce di menu "Cable Plan" possiamo visualizzare il cablaggio dei moduli fotovoltaici o pianificare l'ulteriore cablaggio fino alla casa.

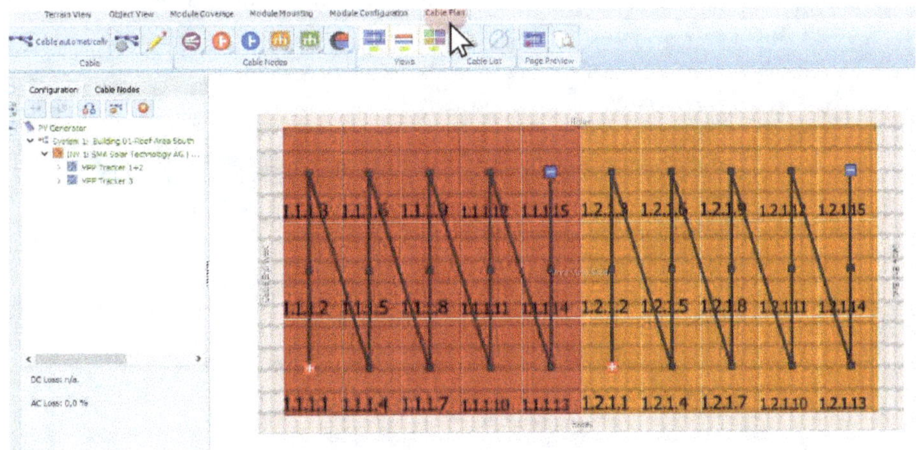

A questo punto abbiamo finito la visualizzazione 3D, possiamo tornare alla vista "Terrain View" e chiudere la finestra. È importante selezionare nella seguente finestra pop-up che i dati vengano trasferiti a "PV*SOL" in modo da non perdere il lavoro precedente.

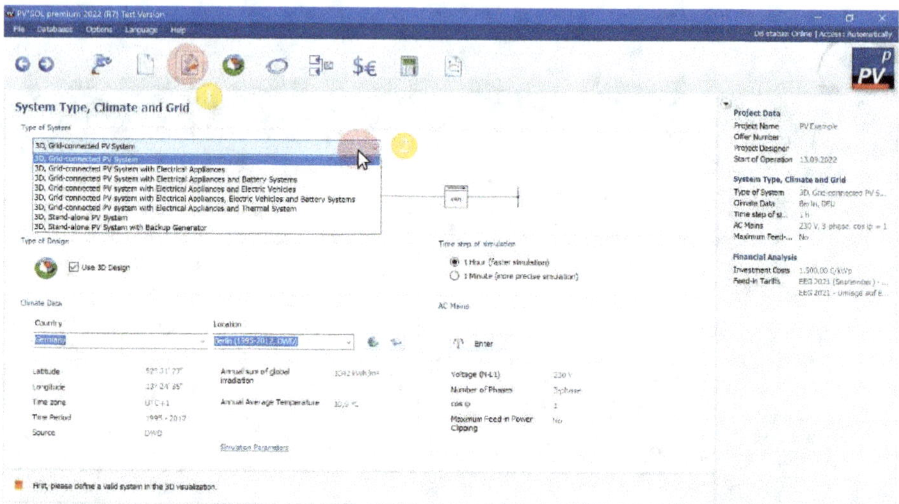

Ci viene quindi chiesto se vogliamo effettuare un'analisi delle ombre. Questo ha senso in generale, ma nel nostro caso non abbiamo alcun elemento che possa creare un'ombra, quindi possiamo selezionare l'opzione "Ignore Shading".

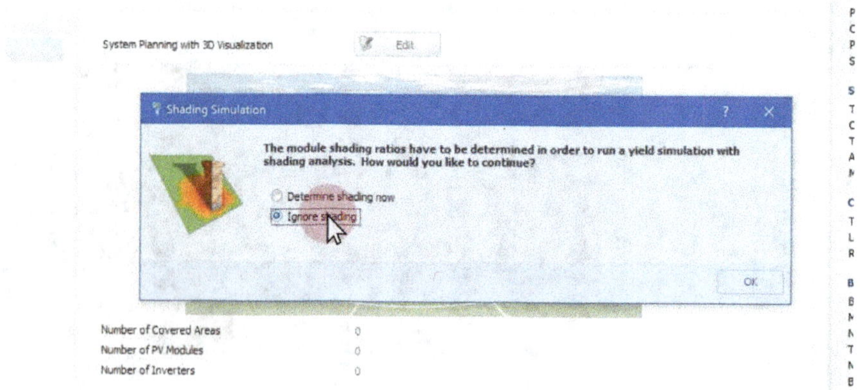

Nella sezione "Cables" possiamo creare lo schema elettrico definitivo del nostro impianto fotovoltaico, cioè aggiungere un contatore solare, i fusibili, ecc.

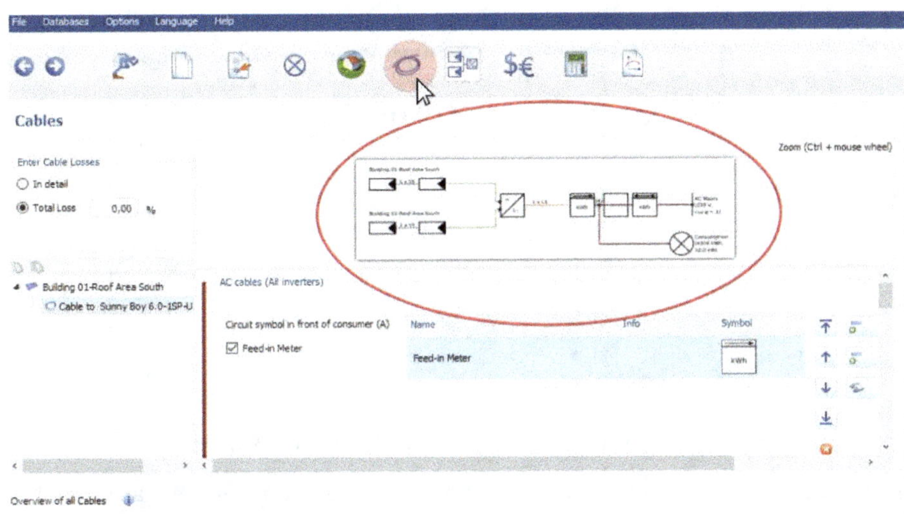

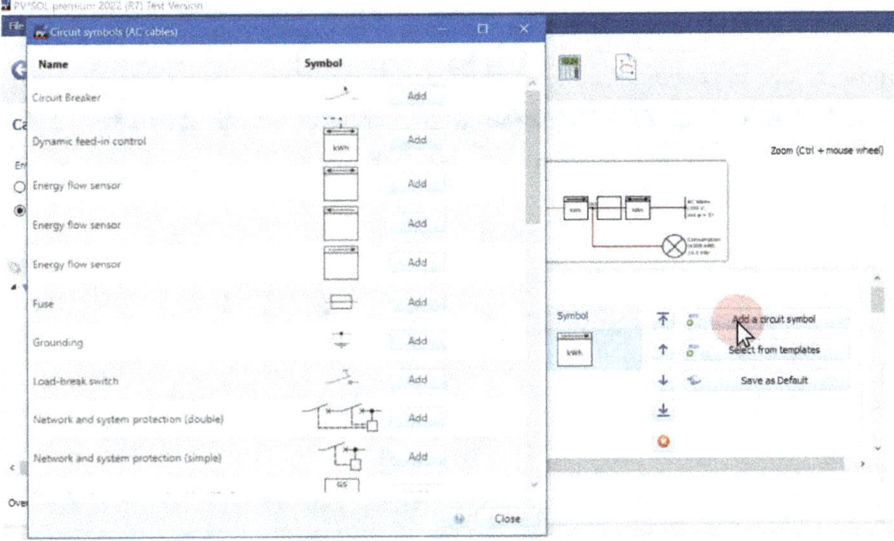

Nella sezione "Plans and parts list" viene mostrato lo schema del circuito finale, mentre i componenti necessari sono elencati in un elenco dei componenti cliccando su "Parts list".

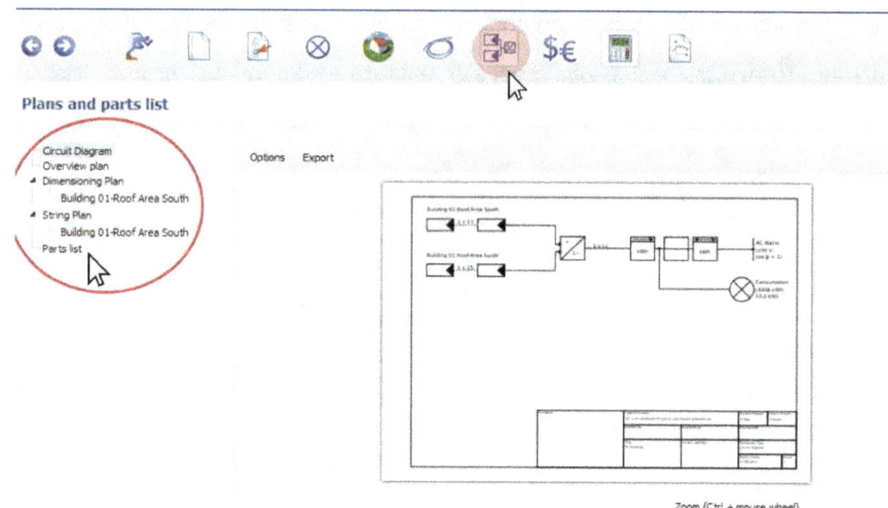

In questo esempio saltiamo l'analisi economica (pulsante "Financial Analysis"). Sei invitato a provarlo tu stesso. Come ultimo passo, preferiamo visualizzare i risultati con il pulsante "Results". Dopo aver effettuato un calcolo, vediamo chiaramente l'energia fotovoltaica prodotta, l'uso proprio e l'immissione in rete nel corso del mese, a seconda della selezione del grafico.

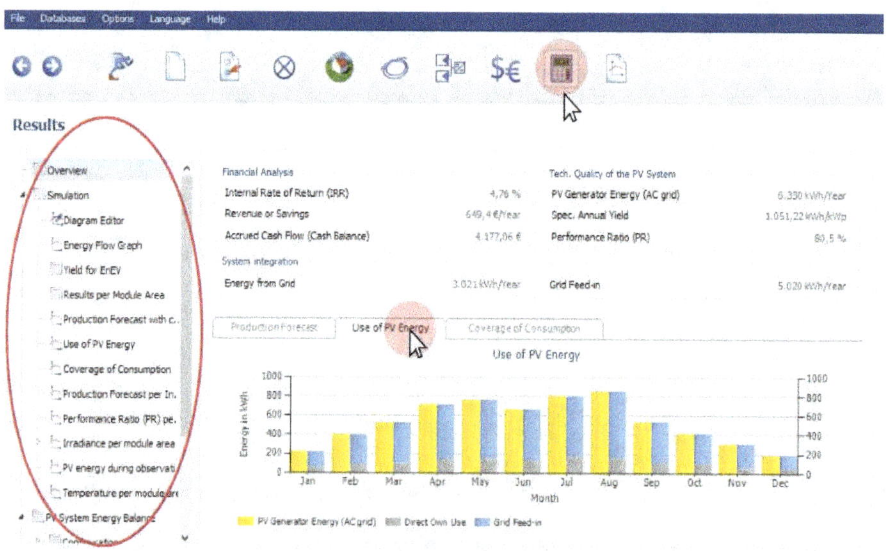

Parole di chiusura

Eccellente! Ce l'hai fatta. Congratulazioni se sei arrivato fin qui. Questo capitolo conclude il libro sul fotovoltaico.

In questo libro abbiamo esplorato le basi della tecnologia fotovoltaica e abbiamo imparato a progettare e installare un impianto fotovoltaico on-grid e off-grid con o senza batterie di accumulo. Ora è il momento di progettare il tuo impianto fotovoltaico per la casa, il capanno da giardino, la Tiny House, il camper, il garage, l'officina, l'auto, il campeggio, ...

Se non sei ancora sicuro di alcuni punti, dovresti sempre chiedere l'aiuto professionale di un elettricista per il tuo progetto individuale.

Tuttavia, a questo punto dovresti aver acquisito le basi in ogni caso. In questo libro abbiamo imparato, ad esempio, cosa significa l'abbreviazione Wp, se devi scegliere moduli fotovoltaici monocristallini o policristallini, perché hai bisogno di un inverter e come selezionarlo. Abbiamo anche pensato a come montare i moduli fotovoltaici e abbiamo imparato come aggiungere una batteria di accumulo a un sistema fotovoltaico in due modi diversi (accoppiato in CC o in CA). Abbiamo anche analizzato il collegamento in parallelo e in serie dei moduli fotovoltaici e delle batterie di accumulo e il loro effetto su corrente e tensione e molti altri dettagli passo dopo passo. Quindi abbiamo coperto un bel po' di cose! Assicurati di dare un'occhiata alle ultime pagine per trovare libri su argomenti simili (ad esempio ingegneria elettrica)!

Se ti è piaciuto questo libro, mi farebbe molto piacere se mi lasciassi un voto e un breve commento, oltre a consigliarmi il libro! Soprattutto, una valutazione aiuterà anche le altre parti interessate a prendere una decisione. Grazie mille!

Libri su argomenti che potrebbero piacerti anche

Tutti i libri sono disponibili online sulle solite piattaforme di vendita. È meglio cercare semplicemente il titolo o sentirsi liberi di visitare la mia pagina dell'autore. Alcuni dei libri potrebbero non essere ancora stati pubblicati e appariranno o si troveranno presto. Dai un'occhiata ai libri di tua scelta e portali a casa come e-book o paperback!

Stampa 3D:

CAD, FEM, CAM:

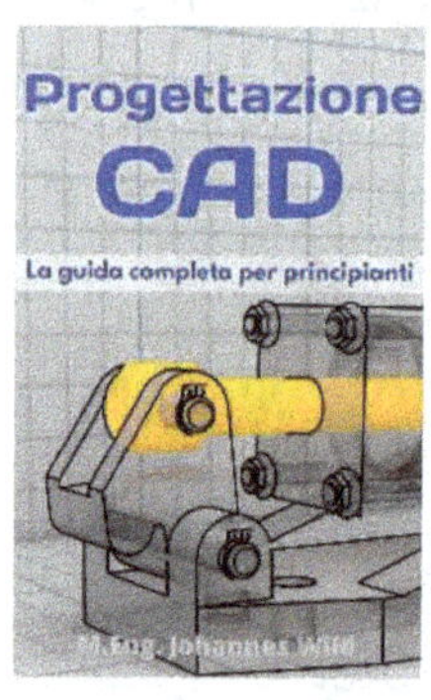

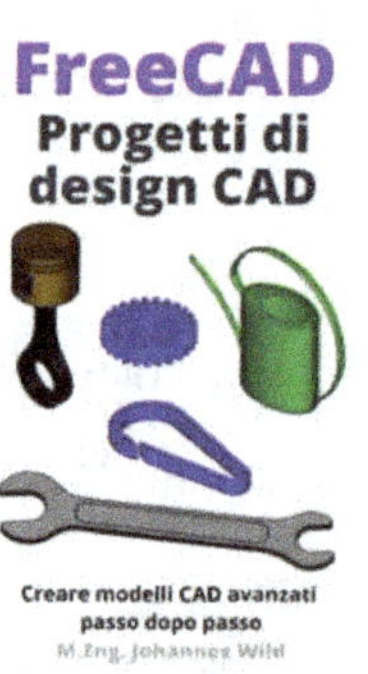

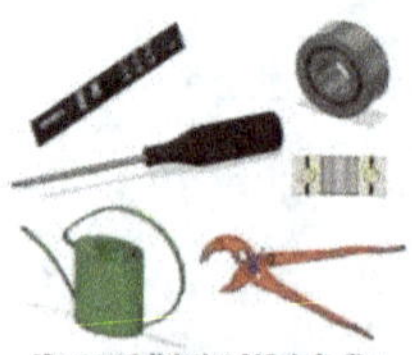

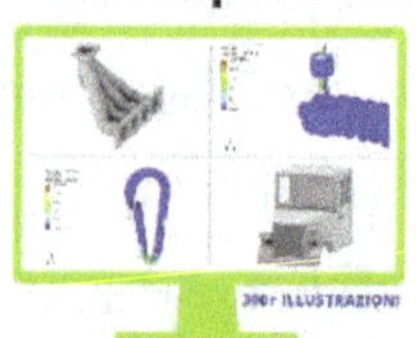

Elettrotecnica:

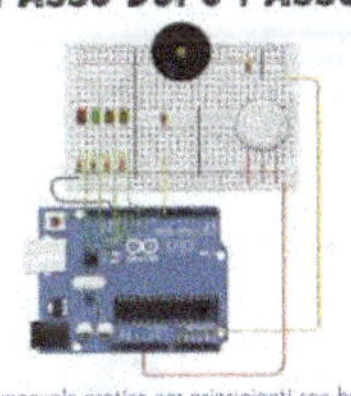

Programmazione e altri software:

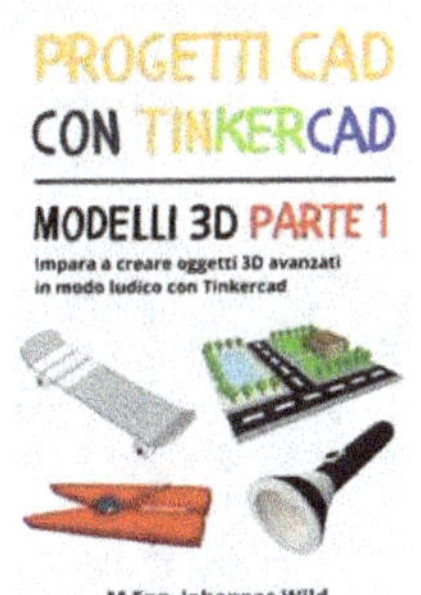

Ci sono anche video corsi identici per alcuni di questi libri:

Fusion 360 Passo dopo Passo | CAD,FEM e CAM per principianti
La guida pratica per AUTODESK FUSION 360! Impara la progettazione, la simulazione, la produzione e altro da un ingegnere
M.Eng. Johannes Wild
4.6 ★★★★⯪ (31)
3.5 total hours • 24 lectures • Beginner
Bestseller

Stampa 3D | Una guida passo dopo passo
La guida pratica per principianti e utenti! Un corso per tutti, creato da un ingegnere!
M.Eng. Johannes Wild
4.0 ★★★★☆ (28)
1.5 total hours • 20 lectures • All Levels

Progettazione CAD per principianti | Impara da un ingegnere
La guida practica alla creazione di oggetti e modelli 3D con software di progettazione CAD gratuito per stampa 3D, ecc.
M.Eng. Johannes Wild
4.2 ★★★★☆ (6)
1.5 total hours • 15 lectures • All Levels

INVENTOR Passo dopo Passo | CAD & FEM per principianti
La guida pratica per AUTODESK INVENTOR! Impara la progettazione CAD, la simulazione FEM e altro da un ingegnere
M.Eng. Johannes Wild
4.2 ★★★★☆ (7)
3.5 total hours • 20 lectures • Beginner

...

Per l'acquisto puoi scegliere tra la piattaforma di apprendimento "Udemy":

Cerca il mio nome su www.udemy.com:

M.Eng. Johannes Wild o usa il seguente link:

www.udemy.com/courses/search/?src=ukw&q=m.eng.+johannes+wild

Iscriviti oggi e approfondisci le tue conoscenze!

Impronta dell'autore/editore

© 2023

Johannes Wild
c/o RA Matutis
Berliner Straße 57
14467 Potsdam
Germany

E-mail: 3dtech@gmx.de

Questo lavoro è protetto da copyright

www.ingramcontent.com/pod-product-compliance
Lightning Source LLC
LaVergne TN
LVHW021319200726
843509LV00002B/76